烟田杂草

绿色防控原色图鉴

万树青　陈永明　陈泽鹏　编著

U0781876

SPM 南方出版传媒

广东科技出版社｜全国优秀出版社

·广 州·

图书在版编目（CIP）数据

烟田杂草绿色防控原色图鉴/万树青，陈永明，陈泽鹏编著. —广州：广东科技出版社，2020.6

ISBN 978-7-5359-7457-0

Ⅰ．①烟…　Ⅱ．①万…②陈…③陈…　Ⅲ．①烟田—杂草—防治—图集　Ⅳ．① S451.22-64

中国版本图书馆 CIP 数据核字（2020）第056203号

烟田杂草绿色防控原色图鉴
Yantian Zacao Lùse Fangkong Yuanse Tujian

出 版 人：朱文清
责任编辑：区燕宜　罗孝政
装帧设计：友间文化
责任校对：杨崚松
责任印制：彭海波
出版发行：广东科技出版社
　　　　　（广州市环市东路水荫路 11 号　邮政编码：510075）
销售热线：020-37592148/37607413
http：//www.gdstp.com.cn
E-mail：gdkjzbb@gdstp.com.cn（编务室）
经　　销：广东新华发行集团股份有限公司
印　　刷：广州市彩源印刷有限公司
　　　　　（广州市黄埔区百合三路8号　邮政编码：510700)
规　　格：889mm×1 194mm 1/32　印张9　字数225千
版　　次：2020年6月第1版
　　　　　2020年6月第1次印刷
定　　价：49.00元

如发现因印装质量问题影响阅读，请与广东科技出版社印制室联系调换（电话：020-37607272）。

《烟田杂草绿色防控原色图鉴》
编委会

顾　问：吕永华

编　著：万树青　陈永明　陈泽鹏

委　员：陈泽鹏（广东省烟草专卖局）

　　　　陈伟明（广东省烟草专卖局）

　　　　路　征（广东省烟草专卖局）

　　　　陈永明（广东省烟草南雄科学研究所）

　　　　万树青（华南农业大学）

　　　　邓海滨（广东省烟草南雄科学研究所）

　　　　彭文松（广东烟草韶关市有限公司）

　　　　文志强（广东烟草韶关市有限公司）

　　　　张国宾（华南农业大学）

　　　　郝文波（华南农业大学）

　　　　唐　明（华南农业大学）

　　　　殷艳华（华南农业大学）

　　　　韩　云（华南农业大学）

前言
Foreword
/烟田杂草绿色防控原色图鉴/

烟田杂草是一类重要的烟田有害生物，它与烟株的空间竞争和营养竞争影响着烟株的正常生长发育，会降低烟叶的产量和品质，妨碍烟田施肥、采收等农事操作，增加生产费用和劳动力，同时还是许多病虫害的媒介和寄主，诱发病虫害的发生和蔓延。烟田杂草的治理已成为烟田管理的重要组成部分。

目前，烟田杂草防除主要采用化学除草、地膜覆盖和人工锄草等手段，能达到一定的防控效果。但随着烟区种植结构的改变、杂草种群结构的变化，传统的防除手段目前面临日益严峻的挑战，诸如农药残留、杂草抗药性、入侵杂草渗入与扩散，促使烟农加大药物使用剂量和频率，有些烟农盲目乱混乱配和滥用药物，田间出现"野火烧不尽，春风吹又生"和"株连九族，乱杀无辜"的难堪局面，同时化学农药的滥用对环境及人类健康都造成了潜在威胁。

为了解决生产中的实际问题，在广东省烟草专卖局（公司）科技处下达的"广东烟田杂草综合控制技术研究与应用"（粤烟科

〔2014〕1号）科技项目的资助下，项目组成员对广东烟区烟田杂草进行广泛调查，基本查明了广东不同的生态区，不同轮作和不同种植模式的杂草类型，特别对于外来入侵的杂草进行了全面的普查，其中引起注意的新入侵杂草——豚草已在乳源、南雄等烟田扩散，防控工作不可掉以轻心。

本书将介绍杂草生物学特性、广东烟田杂草分布及扩散特点和为害程度。在杂草防控方面，除介绍各类除草剂在烟区使用的技术要点，提出在烟区前茬作物田限制使用的高残留的除草剂品种外，重点提倡和采用生态调控理论与化学防除相协调的思路，构建一种高效的烟田杂草综合防控的绿色防控技术体系。提出科学合理使用化学除草剂及药害防范和治理具体措施。最后，书中收集了项目组在 2013—2017 年，在广东烟区调查的杂草种类，以图文并茂的形式介绍了各类杂草的识别特征、分布、为害程度和综合防控方法。

在本书完成之际，特别感谢广东省烟草专卖局（公司）、广东省烟草南雄科学研究所、广东省各地市（县）烟草公司的大力支持。感谢广东省烟草南雄科学研究所邓海滨博士提供系列烟草药害图片，感谢华南农业大学研究生殷艳华、郝文波、唐明和韩云进行田间杂草调查、拍摄照片和资料整理工作。

本书作者多年从事杂草学和植物保护学的除草剂应用教学和科学研究工作，本书是在"杂草识别与治理"课程讲义的基础上整理而成。因此，对于烟区植保技术人员在草害防控方面具有一定的指导作用，对于烟草系统的技术人员培训是一本有价值的参考教材。由于作者水平所限，书中难免有错漏之处，敬请读者批评指正。

编　者
2020 年 3 月

目

Contents

录

 第一章
杂草生物学和生态学特性及研究方法

广东烟区杂草主要类群及其分布

烟区杂草绿色防控的主要技术及应用

第四章
除草剂作用机理

SEVEN
第七章
杂草抗除草剂及其抗性治理

EIGHT
第八章
广东烟区杂草图鉴

ONE

第一章　杂草生物学和生态学特性及研究方法

烟田杂草绿色防控原色图鉴

地球上的植物分为野生植物、栽培植物和杂草三大类，而杂草是长错地方的植物。大多数杂草属野生性范畴，但它又常与栽培植物相伴而行，相比较而言，杂草具有更强大的生长优势，在争夺营养、水分、光照等方面比作物更胜一筹。为了有效控制杂草，保障作物生长，了解不同种类杂草的生物学和生态学特性是植保工作者必修的课程。在如何控制田间杂草种群的数量，如何降低和阻断杂草生理生化代谢速率方面，杂草生物学和生态学特性是帮助我们解开这一问题的一把钥匙。

第一节 杂草生物学和生态学特性

一、杂草生物学特性

杂草具有强大的生命力和适应力，其生物学特性及多样性表现在以下几个方面。

（一）形态结构的多样性

1. 植株的高度

有的种类高的可达 2 米以上，如假高粱（*Sorghum halepense*）、芦苇（*Phragmites communis*），中等的有高约 1 米，如梵天花（*Urena procumbens*），矮的仅有几厘米，如地锦（*Parthenocissus tricuspidata*）。

2. 根、茎、叶的形态

根、茎、叶的形态变化大，阳光充足地带，茎秆粗壮，叶片厚实，根系发达，具有较强的耐干旱、耐热能力；阴湿地带，茎秆细弱，叶片宽薄，根系不发达，当条件生境互换时后者的适应性明显下降。

3. 组织结构随生态习性变化

在水湿环境中，通气组织发达，而机械组织薄弱；陆地湿度低的地段，通气组织不发达，而机械组织、薄壁组织都很发达。

（二）生活史的多样性

杂草可分为一年生、二年生和多年生三大类型。

1．一年生杂草

在一年中完成从种子萌发到产生种子，直至死亡的生活史全过程，可分为春季型和夏季型。

2．二年生（越年生）杂草

生活史在跨年中完成，主要分布于温带，其莲座叶丛期对除草剂敏感，易于防除。

3．多年生杂草

可存活2年以上，这类杂草不但能结子传代，而且能通过地下变态器官生存繁衍。一般在春夏季发芽，夏秋季开花结实，秋冬季地上部分枯死，但地下部分不死，翌年春季可重新抽芽生长。又可分简单多年生杂草和匍匐多年生杂草。防止这类多年生杂草入侵农田，是一项控制杂草繁衍和为害的重要有效措施。

（三）营养方式的多样性

营养方式绝大多数为自养——光合作用，部分共寄生生活——全寄生和半寄生。

（四）适应环境能力强

适应环境能力强表现为以下几个方面：

1．抗逆性强

对盐碱，人工干扰，旱涝，极端高温、低温都有很强的忍耐能力。

2．可塑性大

在不同的生境条件下，对自身个体大小、种群数量和生长量都具有强自我调节能力。

3. 生长势强

杂草的光能利用率高，能充分利用光能、二氧化碳和水进行有机物生产。

4. 具有杂合性和拟态性

杂合性是生物种群（等位基因）的异质性决定的，而拟态性是杂草能模拟另一种生物或周围环境，借以保护自己，如稗草、野燕麦、狗尾草等，这类杂草又称为伴生杂草。

（五）繁殖能力强

绝大多数杂草具有惊人的多实性，如一株繁缕具有 20 000 粒种子，藜单株结实 20 万粒，微甘菊就更无法统计了。种子寿命长，有的杂草种子深埋土中 10 多年仍能萌发。种子成熟度与萌发时期参差不齐。

杂草的繁殖方式多样，籽实具有适应广泛传播的结构和途径：①弹射，酢浆草。②借果皮开裂而脱落，荠菜。③借风力传播，蒲公英。④附着它物而传播，苍耳。⑤随水流传播，独行菜。⑥随动物取食而传播，稗。人为因素是最严重的传播方式。

二、杂草个体与种群生态

杂草生态学是研究杂草与其环境之间关系的科学，用于揭示杂草的种群消长，杂草与杂草、杂草与作物，以及其他环境因子之间相互作用的规律及其机理。

（一）杂草个体生态

1. 种子休眠的生理生态

休眠是有活力的籽实及地下营养体、繁殖器官暂时处于停止萌动和生长的状态。

种子休眠产生的原因：

（1）内因。①腋芽或不定芽中含有生长抑制剂。②果皮或种皮不透水、不透气或机械强度很高，称为原生休眠，是主要的休眠原因。

（2）外因。不良环境条件引起的休眠，如遇高温、低温、干旱、除草剂等因子，称为诱导休眠或强迫休眠。

2. 杂草种子萌发的生理生态

杂草种子萌发即为杂草种子的胚由休眠状态转变为生理生化活跃状态，胚状体增大突出于种皮长成幼苗的过程。

萌发的条件：

（1）内在条件。完整的胚、丰富的胚乳，在三类植物生长调节剂即赤霉素、脱落酸和细胞分裂素的作用下，诱导种子萌发过程。

（2）外在条件。包括氧气、水分和温度。在室内进行杂草生物学和生物活性测定研究时，为了加速种子萌发，对处理休眠的种子需模拟野外低温处理（4℃）一段时间，以便加速胚的后熟过程，并在催芽浸种前采用物理方法，去掉外表抑制物质。也可用适当浓度的赤霉素处理，种子放置在控温、控湿和通气条件下，可促使种子萌发。

（二）杂草种群生态

1. 杂草种子库（繁殖体库）

在任何时候，田间土壤中都包含有产生于过去生长季节的杂草种子或营养繁殖器官，这些存留于土壤中的杂草种子或营养繁殖体称杂草种子库。种子库是一个动态变化的过程。

种子库的影响因子：

（1）一般影响因子。种植制度影响库的构成和大小，杂草防控水平、耕作方式、耕作机械则影响种子的垂直分布。

（2）种子库的动态。①输入：成熟杂草结实，属外方的输入。②输出：萌发、传播、动物觅食或死亡。

2. 杂草种群动态

杂草种群动态理论上应该是以几何级数增长，但实际上不可能无限扩张和灭绝。这是因为大田生产中受人为的影响很多，除草是最重要的因素，杂草种群应该是不确定的。

3. 杂草与作物之间的竞争

杂草与作物之间的竞争实质上是为了争夺有限的生活空间和资源，在资源充足的条件下植物间不存在竞争，竞争只发生在资源有限的条件下。资源越有限，竞争越激烈。另外，植物间发生竞争的另一个原因是二者应占有相似的生境，即它们利用同一生境中的资源，如两种植物的种子不在同一土层，它们之间不存在水和营养的竞争。

（1）杂草与作物间的资源竞争。①地上部分：空间的竞争是枝叶的发展，主要是光和二氧化碳的竞争，竞争能力主要取决于它们对地上部分的优先占有的能力，包括株高、叶面积及叶的着生方式。②地下部分：与根系的发达程度有关，竞争的资源是水分、矿物质等营养元素，体现在吸收能力的竞争。这种竞争能力是受它们的根长、密度、分布、吸收水肥能力的影响。

（2）不同资源竞争的互作。竞争地上资源必然影响地下资源的竞争。一般来说，竞争一种资源加剧对另一种资源的竞争，对一种资源竞争占优势，将导致对另一种资源的竞争占优势。对于弱竞争者来说，同时与强竞争者竞争两种资源产量损失远大于分开竞争这两种资源产量损失之和。杂草与作物竞争，如果没有人为干涉，杂草必胜。杂草对作物的影响主要是导致作物产量和品质下降。据联合国粮食及农业组织（FAO）报道，世界粮食作物遭受病、虫、草为害，收获前产量平均损失 30% ~ 35%，其中因杂草造成的损失为 10% 左右，损失粮食 2.9 亿吨。我国因杂草引起的损失也约占粮食总产量的 10%。

（3）杂草竞争造成的作物产量损失模型。杂草密度和作物产量损失之间不是呈直线关系，而是 S 形曲线或双曲线关系，至于是 S 形曲线，还是双曲线关系，因杂草和作物的种类而定。当作物的竞争比杂草强时，杂草密度和作物产量损失的关系为 S 形曲线，反则为双曲线，杂草密度和作物产量损失之间的直线关系是一种特例，即在杂草密度很低时才呈直线关系。然而，杂草生物量和作物产量损失则呈直线关系。

（三）影响杂草与作物间竞争的因子

1. 杂草种类和密度

不同种类杂草植株高度及生长的习性差异较大，竞争能力各不相同。如玉米田反枝苋植株高大，而马齿苋较矮小，前者的竞争力比后者大得多。

2. 作物种类、品种和密度

不同作物间的竞争差异较大，同一作物不同品种之间也存在很大差异。合理密植是一种经济有效的杂草防除措施之一，提高作物播种或种植密度可提高对杂草的抑制作用。

3. 相对出苗时间

杂草与作物的相对出苗时间影响杂草与作物的竞争力，早出苗的竞争者可提前占据空间，竞争力提高；晚出苗者则在竞争中处于弱势。所以，出苗时间越晚，竞争力就越差。在农业生产中，保证作物早苗壮苗，可使作物与杂草竞争时处于优势地位。

4. 水肥管理

一般来说，在有杂草的农田施用肥料，特别对施用底肥，会加重杂草的为害，因为杂草吸收肥料的能力比作物强。施肥后，促进杂草迅速生长而加重为害。但当杂草在竞争中处于劣势时，增施肥可抑制杂草的生长。水稻田合理管水可有效地抑制杂草的发生和生长。如移栽后，保持水层可有效地降低稗草出苗率，抑制水层下的稗草生长。

5. 环境条件

环境条件如温度、光照、土壤水含量等因子会影响杂草与作物的生长与发育，必然会影响它们的竞争力。通过选择适合的播种期、种植制度、栽培措施，创造有利于作物生长而不利于杂草生长的环境条件，可降低杂草竞争力，减少杂草为害。

（四）杂草的竞争临界值与经济阈值

1. 竞争临界值

初期的杂草幼苗还不足以对作物构成竞争，造成为害。随着杂草幼苗的生长，竞争就逐渐产生，起初这种竞争是微弱的，是不造成作物产量明显损失的草、苗共存期。这期间，作物可以耐受杂草由于竞争对作物造成的影响。但随着时间的推移，这种竞争作用逐渐增强，对作物产量的影响就越来越明显。当杂草生长存留对作物产量的损失和无草状态下作物产量增加量相等时的天数，即为杂草竞争的临界期（critical period of competition），是指作物对杂草竞争敏感的时期。

在临界期，杂草对作物产量的损失影响将非常显著。一般情况下，杂草竞争临界期在作物出苗后 1 ～ 2 周到作物封行期间，这一期限约占作物全生育期的 1/4，为 40 天左右。但不同的作物其期限长短有所差异。因此，竞争的临界期是进行杂草防除的关键时期。只有在此期限内除草，才是最经济有效的。过早除草可能会做无用功，而过迟则对作物的产量影响已无法挽回。

2. 杂草为害经济阈值与杂草防除阈值

随着杂草密度或重量的增加，作物产量损失增加，除草是必要的。但实际上，不是在任何杂草生长密度条件下都需除草，一方面杂草密度较低时，作物可以忍耐其存在；另一方面，当杂草为害造成的损失较低时，这时除草效益将不抵用于除草的费用。那么在何种杂草状态下需要防除，就有了杂草的为害经济阈值和杂草防除阈值的概念，前者是作物增收效益与防除费用相等时的草害情况，后者是指杂草造成的损失等于其产生的价值时所处于的草害水平。

3. 杂草生态经济阈值与杂草生态经济除草阈值

（1）杂草生态经济阈值。杂草造成的净损失等于预防这种损失所耗费成本时，杂草种群的大小（杂草密度一般用每平方米的杂草数量表示）即为杂草的生态经济阈值。

（2）杂草生态经济除草阈值。杂草造成的净损失等于防除这种损失所耗费成本时杂草的生长量，一般用每平方米干重表示，即为杂草生态经济除草阈值。为了使草害防控产生良好的经济效益，防控费用应小于或等于杂草防除获得的效益，防控指标制定是需要的。杂草防除措施的经济效益决定于作物增产的幅度和防除的成本。认识和了解"经济阈值"，对于指导农业生产有着非常重要的意义。

（五）杂草群落生态

农用杂草在一定环境因素综合影响下，形成了不同杂草种群的有机的组合，这种在特定环境条件下重复出现的杂草组合，就为杂草群落。复杂性的杂草的防控变得非常复杂。

1. 杂草群落与环境因子间的关系

杂草群落的形成、结构、组成、分布受环境因子的制约和影响，研究其内在的关系，是杂草群落生态的研究内容，也是为杂草的生态防控提供理论依据。

2. 影响杂草群落的主要因子

（1）土壤类型。亚热带地区的水稻土，常是看麦娘发生的主要土壤。与水稻土相对应的旱地土壤，如黄泥土、马肝土，则以猪殃殃和野燕麦为优势种。灰潮土以卷耳、波斯婆婆纳为优势种。

（2）土壤肥力。土壤氮含量高时，马齿苋、刺苋和藜等含氮杂草生长旺盛。土壤缺磷时，反枝苋则从群落中消失。

（3）轮作和种植制度。稻麦连作时，麦田多以看麦娘为优势种，野燕麦等不能存在或生存能力有限，棉麦连作麦田，则以波斯婆婆纳为主。

（4）土壤水分。土壤水分是影响杂草群落结构的最基本要素之一。上述很多因素也是直接或间接通过影响水分含量而作用杂草种群的。

（5）土壤酸碱度。在 pH 高的碱性土多有藜、小藜、眼子菜、硬草发生和为害。蓼等需要 pH 较低的土壤。北方旱花麦田多以野燕麦为优势种的顶级杂草群落。

（6）土壤耕作。不同杂草对土壤耕作的反应和忍耐上不同，深耕可使问荆、刺儿草和苣荬菜等多年生杂草大幅度减少。

（7）季节。季节不同，气候条件都不同，因而显著影响着杂草群落的发生。

（8）气候和海拔。气候和海拔通过温度、日照和降水量影响农田杂草群落的结构。

（9）作物。由于相互竞争，随着杂草群落的发展，作物生长量减少。又由于相互依存，不同的作物有伴生杂草，这是因为某些杂草与某类作物的形态、生长习性和环境需求都十分相似。因而水稻种中常混有稗草籽实，导致稗草伴生水稻。

3. 杂草群落的演替及顶极群落

杂草群落演替是指杂草群落在农业措施和环境条件变化的作用下，一个杂草群落为另一个杂草群落所取代的过程。

在自然界，植物群落演替是非常缓慢的过程，但是农田杂草群落的演替，由于农业耕作活动的频繁（除草剂的影响）而较为迅速。

杂草群落演替的结果总是达到一种可以适应某种农业措施作用总和的动态稳定状态，也即顶极杂草群落。

水稻田的顶极杂草群落均以稗草为优势种的杂草群落，稻茬麦田的顶极杂草群落是以看麦娘为优势种的杂草群落。秋熟旱作物田的顶级杂草群落，大多数是以马唐为优势种的杂草群落。

第二节 化 感 作 用

一、化感作用定义及其来源

（一）定义

植物向环境中释放出特有的化学物质，影响周围其他植物生长发育的现象，即为化感作用。具有化感作用的化合物称为化感作用化合物，杂草会因为化感作用影响其他植物的生长。

（二）来源

化感作用物多是植物次生代谢产物，如水溶性有机酸类、酚类、丹宁、生物碱类、类萜类、醌类苷类等。

二、化感作用进入环境的主要途径

（一）挥发

多在干燥条件下发生，如蒿属、桉属等植物含释放性类萜物质，被周围的植物吸收或经露水浓缩后被吸收或进入土壤中被根吸收。

（二）降雨及灌溉

淋浴、降雨、灌溉、雾及露水能够淋溢出化感化合物，使之进入土壤中。

（三）根分泌

根系主动分泌化感化合物于土壤中，如牛鞭草的根分泌物中鉴定有苯甲酸、肉桂酸和酚类化合物等 16 种化感化合物。

三、化感作用的机理

化感作用化合物主要影响植物的生长发育和生理代谢过程，这种影响通常情况下是一种抑制过程，但有时也有促进作用。机理包括以下几个方面。

（一）抑制种子萌发和幼苗生长

酚类化合物及水解丹宁等能阻碍赤霉素的生理作用，阿魏酸抑制吲哚乙酸氧化酶的活性。

（二）抑制蛋白质合成及细胞分裂

香豆素和阿魏酸抑制苯丙氨酸合成蛋白质分子的过程；肉桂酸抑制蛋白质合成，从而影响细胞分裂。

（三）抑制光合作用和呼吸作用

莨菪亭引起气孔关闭，使光合作用速率下降，酚酸降低大豆叶绿素含量和光合速率，胡桃醌、醛、酚、类黄酮、香豆素及芳族酚能使氧化磷酸化解偶联。

（四）抑制酶活性

绿原酸、咖啡酸儿茶酚抑制马铃薯中磷酸化酶活性，丹宁抑制过氧化物酶、过氧化氢酶和淀粉酶活性等。

（五）影响水分代谢和营养的吸收

香豆素、酚衍生物、绿原酸、咖啡酸、阿魏酸等使叶片水势下降，水分失衡，其他的酚酸使植物对养分吸收降低。

四、化感作用在杂草治理中的应用

利用植物间存在的化感作用进行合理的作物轮作和套作，达到有效控制杂草的发生和为害，如黑麦、高粱、小麦、大麦的残体能有效抑制一些杂草的生长。作物田套种向日葵，对曼陀罗、马齿苋等许多田间杂草有控制作用。果园种植鼠茅草、白三叶草、扁茎黄芪、野苜蓿、多变小冠花、草地早熟禾、紫花苜蓿、草木樨、百喜草、黑麦草等豆科和禾本科植物，可提高土壤肥力，满足果树对营养的需求，减少化肥的施用，优化果园小气候，提高果品质量，特别是利用生草植物的生长优势和释放化感物质抑制杂草的生长，实现"以草治草"的目的。有的品种一次种植，4～5年不用除草，大大节省除草的成本。因此，化感作用在杂草综合治理中可以概括以下几个方面的应用：①利用具有化感作用的植物作覆盖物。②在作物行间种植其他化感植物。③直接种植对杂草有化感作用的作物。④利用化感化合物为模板，寻找合成新的除草剂。

第三节　杂草调查的研究方法

一、杂草生物学特性的研究方法

主要观察杂草生活史中杂草生长、发育各时期动态规律，特别是与温度、降水量、光照和农作活动密切相关的生长发育规律。

杂草记载内容包括：①萌动期。②立苗期。③杂草的营养生长期。④开花期。⑤结实期。⑥枯黄期。

二、杂草生态学的研究方法

调查杂草种子在土壤中数量（杂草种子库）的方法：①取土，经诱导种子萌发，计数幼苗数，测出相应的杂草种子数量。②用水冲洗土壤，除去沙粒和泥浆，分离出杂草种子，统计杂草种子数目和进行杂草种子的分类鉴定。

三、杂草种子库的构建意义与作用

（1）揭示土壤中杂草种子的区系成分、组成及杂草种子在土壤中的空间分布规律，如不同土壤深度杂草种子的分布数量和不同种类杂草种子的分布特点。杂草的结实量，以及各种环境因素和耕作栽培措施对杂草种子库组成规模和空间结构的影响等。

（2）通过研究杂草种子埋藏深度与杂草出苗率的相互关系，建立模拟模型，预测该杂草的发生规律。

（3）通过检测和控制土壤杂草种子库，达到控制杂草的发生和为害水平，成为现代杂草可持续管理的主体技术途径。

四、杂草区系群落分布和为害的调查研究方法

（1）杂草标本的采集与制作。

（2）采用样线法或目测法，目测和记录其中占优势杂草和全

部杂草种类、为害程度，并调查杂草的群落分布。

（3）制订农田杂草为害状况调查表（表1-1）。

表1-1　田间杂草调查记录表

地点：

调查时间：　　　　　调查人：　　　　　作物生育期：

土壤类型：　　　　　轮作模式：　　　　除草剂使用情况：

杂草名称（或编号）	生育期	平均株数/（株·米⁻²）	覆盖度/%	混杂程度	备注

（1）表中杂草如不能定种，可用编号代替，制作标本，以便带回实验室识别鉴定。

（2）生育期：阔叶杂草分为子叶期、苗期、蕾期、花期和结实期，单子叶杂草分为苗期、分蘖期、拔节期、开花期、孕穗期、结实期。

（3）覆盖度：各种杂草投影面积占样方面积的百分比。

（4）混杂程度分4类：①轻度混杂，杂草个别出现，占作物总株数5%以下。②中度混杂，杂草株数占作物5%～20%。③高度混杂，杂草株数占作物的20%～40%。④强烈混杂，杂草占作物的40%以上。

TWO

第二章 广东烟区杂草主要类群及其分布

广东烟区地处亚热带地区，热量丰富、雨量充沛，有利于各类农作物的生长，同时，适宜的气候条件也促使了杂草的繁衍。在烟区杂草成为一类重要的烟田有害生物，它与烟株争肥、争水、争光，影响烟株的正常生长发育，降低烟叶的产量和品质，妨碍烟田施肥、采收等农事操作，增加生产费用和劳动力。同时还是许多病虫害的媒介和寄主，诱发烟草病虫害的发生和蔓延。因此，杂草的治理已成为整个烟田管理的重要组成部分。为了有效控制杂草，降低杂草的为害，首先对广东烟区杂草进行深入的调查，认真进行物种鉴定，才能有针对性开展防控工作。

第一节　广东烟区杂草发生种类和各烟区发生情况

一、广东省烟区杂草发生种类

经调查鉴定，广东省烟区发生的杂草有 17 科 45 种。其中菊科 8 种，占 17.78%；禾本科杂草 9 种，占 20%；阔叶杂草 31 种，占 68.89%。优势度大于 5% 的杂草分别为铁苋菜、酸模叶蓼、狗尾草、雨久花、胜红蓟、牛繁缕、无芒稗、空心莲子草、加拿大飞蓬、马唐、棒头草、稗草、蚤缀等，其优势度分别为 67.18%、43.51%、31.66%、21.56%、18.15%、12.26%、11.45%、10.11%、9.16%、8.28%、6.72%、5.84%、5.70%；田间密度大于 10 株 / 米^{2}的杂草分别为铁苋菜、酸模叶蓼、狗尾草、蚤缀、胜红蓟、无芒稗、马唐等 7 种。因此，铁苋菜、酸模叶蓼、狗尾草、雨久花、胜红蓟、牛繁缕、无芒稗、空心莲子草、加拿大飞蓬、马唐、棒头草、稗草、蚤缀等杂草为广东烟区发生的共性杂草（表 2–1）。

表 2-1 广东省烟区杂草发生种类

科名	杂草名称	拉丁学名	相对多度 /%	密度 /（株·米⁻²）
禾本科	无芒稗	*Echinochloa crusgalli* var. *mitis*	11.45	10.81
	稗草	*Echinochloa crusgalli*	5.84	1.15
	西来稗	*Echinochloa crusgalli* var. *zelayensis*	2.24	1.02
	牛筋草	*Eleusine iudica*	1.44	0.42
	马唐	*Digitaria sanguinalis*	8.28	10.35
	金色狗尾草	*Setaria glauca*	3.15	0.38
	狗尾草	*Setaria viridis*	31.66	33.13
	虮子草	*Leptochloa panicea*	0.65	0.15
	棒头草	*Polypogon fugax*	6.72	9.26
莎草科	阿穆尔莎草	*Cyperus amuricus*	0.26	0.12
	毛轴莎草	*Cyperus pilosus*	0.26	0.15
	异型莎草	*Cyperus difformis*	0.35	0.22
	香附子	*Cyperus rotundus*	3.47	2.18
车前科	大车前	*Plantago major*	0.58	0.14
蓼科	水蓼	*Polygonum hydropiper*	3.80	2.04
	酸模叶蓼	*Polygonum lapathifolium*	43.51	37.61
	腋花蓼	*Polygonum plebeium*	2.09	4.17
	萹蓄（地蓼）	*Polygonum aviculare*	0.59	0.08
	齿果酸模	*Rumex dentatus*	0.51	0.15
大戟科	铁苋菜	*Acalypha australis*	67.18	41.45
	飞扬草	*Euphorbia hirta*	0.42	0.08
	黄珠子草	*Phyllanthus simplex*	0.68	0.19
豆科	田皂角	*Aeschynomene indica*	0.83	0.28

续表

科名	杂草名称	拉丁学名	相对多度/%	密度/（株·米⁻²）
菊科	苍耳	*Xanthium sibiricum*	1.46	0.40
	加拿大飞蓬	*Erigeron canadensis*	9.16	5.43
	三叶鬼针草	*Bidens pilosa*	0.77	0.17
	苦苣菜	*Sonchus oleraceus*	1.03	0.41
	醴肠	*Eclipta prostrata*	1.46	0.80
	胜红蓟	*Ageratum conyzoides*	18.15	14.30
	飞机草	*Eupatorium odoratum*	0.59	0.16
	蒲公英	*Taraxacum mongolicum*	0.85	0.18
藜科	藜	*Chenopodium album*	0.45	0.36
	土荆芥	*Chenopodium ambrosioides*	0.09	0.08
蘋科	蘋	*Marsilea quadrifolia*	2.56	1.38
伞形科	蛇床	*Cnidium monnieri*	1.15	0.41
石竹科	牛繁缕	*Malachium aquaticum*	12.26	4.97
	蚤缀	*Arenaria serpyllifolia*	5.70	15.38
酸浆草科	酢浆草	*Oxalis corniculata*	0.17	0.08
苋科	反枝苋	*Amaranthus retroflexus*	2.78	0.89
	莲子草	*Alternanthera sessilis*	4.96	4.05
	空心莲子草	*Alternanthera philoxeroides*	10.11	4.73
茄科	毛酸浆	*Physalis pubescens*	3.20	1.04
马齿苋科	马齿苋	*Portulaca oleracea*	0.07	0.03
雨久花科	雨久花	*Monochoria korsakowii*	21.56	7.69
蔷薇科	绢毛匍匐委陵菜	*Potentilla reptans* var. *sericophylla*	0.15	0.08

二、广东不同地区烟田杂草发生种类

南雄市古市镇的铁苋菜、狗尾草、无芒稗、香附子、酸模叶蓼等杂草的优势度分别为 158.48%、83.18%、25.69%、11.47%、10.53%，为该调查烟区的优势种杂草；南雄市主田镇发生的铁苋菜、狗尾草、酸模叶蓼、无芒稗、香附子等杂草的优势度分别为102.31%、95.44%、43.96%、21.41%、19.36%，为该调查烟区的优势种杂草；南雄市湖口镇发生的铁苋菜、胜红蓟、狗尾草、苍耳、醴肠、三叶鬼针草等杂草优势度分别为 111.18%、85.44%、41.20%、16.02%、15.26%、10.05%，为该调查烟区的优势种杂草；南雄市江头镇发生的铁苋菜、酸模叶蓼、胜红蓟、狗尾草、无芒稗、香附子等杂草的优势度分别为 112.79%、58.70%、56.38%、31.54%、13.51%、10.55%，为该调查烟区的优势种杂草；南雄市水口镇发生的铁苋菜、牛繁缕、狗尾草等杂草优势度分别为 186.41%、64.68%、36.00%，为该调查烟区的优势种杂草；南雄市黄坑镇发生的铁苋菜、空心莲子草、狗尾草、酸模叶蓼、牛繁缕、毛酸浆等杂草优势度分别为 126.93%、70.72%、32.15%、29.09%、15.45%、12.90%，为该调查烟区的优势种杂草。以上调查的南雄市六镇烟田大部分不使用除草剂，六镇烟区优势杂草种类基本相近，主要优势杂草都是铁苋菜，南雄市烟区主要优势杂草为铁苋菜、狗尾草、无芒稗、酸模叶蓼、香附子。始兴县马市镇发生的无芒稗、铁苋菜、胜红蓟、牛繁缕、酸模叶蓼、空心莲子草、马唐、狗尾草等杂草优势度分别为 88.20%、54.79%、35.67%、25.36%、19.76%、17.71%、12.80%、12.04%，为该调查烟区的优势种杂草；乳源县杜屋村发生的酸模叶蓼、加拿大飞蓬、牛繁缕、牛筋草、蒲公英、胜红蓟、毛酸浆等杂草优势度分别为 105.45%、99.90%、50.02%、12.45%、11.10%、10.78%、10.30%，为该调查烟区的优势种杂草；乐昌县梅花镇发生的酸模叶蓼、狗尾草、棒头草、反枝苋、蘋等杂草优势度分别为 119.09%、73.44%、55.50%、34.17%、17.83%，为该调查烟区优势种杂草；乐昌县坪石镇发生的蚤缀、酸模叶蓼、空心莲子草、棒头草、加拿大飞蓬、腋花蓼、荠菜、铁苋菜、马唐等杂草优势度分别为 74.07%、48.51%、42.95%、31.86%、19.24%、18.38%、17.88%、15.24%、14.48%，为该调查烟区优势种杂草；梅州市平原县八尺镇发生的稗草、酸模叶蓼、金色狗尾草、马唐、水蓼、莲子草、胜红蓟、西来稗等杂草优势度分别为 75.92%、49.78%、40.95%、35.26%、30.51%、22.32%、19.90%、16.93%，为该调查烟区的优势种杂草；梅州市平原县仁居镇发生的雨久花、酸模叶蓼、铁苋菜等杂草优势度分别为 195.45%、54.65%、49.90%，为该调查烟区的优势种杂草，该地区由于施用丁草胺除草剂，杂草发生量较少；梅州市蕉岭县文福镇发生的雨久花、马唐、莲子草、酸模叶蓼、水蓼、胜红蓟、西来稗、铁苋菜等杂草优势度分别为 84.84%、45.13%、42.18%、26.17%、16.73%、15.68%、12.16%、12.02%，为该调查烟区的优势种杂草（表 2-2）。

表 2-2　广东不同地区烟田杂草发生情况

分布地	杂草名	密度/（株·米 $^{-2}$）	RD/%	RU/%	RF/%	RA/%
南雄市古市镇	狗尾草	120.34	42.30	15.88	25.00	83.18
	铁苋菜	150.61	52.95	80.52	25.00	158.48
	香附子	3.01	1.05	0.41	10.00	11.47
	酸模叶蓼	2.02	0.70	0.83	9.00	10.53
	胜红蓟	1.30	0.46	0.28	5.00	5.73
	无芒稗	5.02	1.76	1.93	22.00	25.69
	蘋	2.20	0.77	0.14	4.00	4.91

续表

分布地	杂草名	密度/（株·米⁻²）	RD/%	RU/%	RF/%	RA/%
南雄市主田镇	铁苋菜	130.61	30.42	53.97	17.92	102.31
	无芒稗	8.41	1.96	1.53	17.92	21.41
	狗尾草	215.32	50.15	27.37	17.92	95.44
	香附子	15.21	3.54	0.77	15.05	19.36
	苦苣菜	1.30	0.30	0.19	4.30	4.80
	酸模叶蓼	52.13	12.14	15.69	16.13	43.96
	腋花蓼	2.22	0.51	0.10	3.58	4.19
	水蓼	1.04	0.23	0.10	1.79	2.12
	胜红蓟	3.21	0.75	0.29	5.38	6.41
南雄市湖口镇	狗尾草	20.44	17.35	5.33	18.52	41.20
	铁苋菜	31.01	26.36	63.99	20.83	111.18
	胜红蓟	50.62	43.03	22.97	19.44	85.44
	苍耳	3.01	2.55	3.28	10.19	16.02
	三叶鬼针草	2.20	1.87	1.23	6.94	10.05
	蛇床	3.14	2.64	1.64	6.94	11.22
	醴肠	5.02	4.25	0.82	10.19	15.26
	毛酸浆	2.32	1.96	0.74	6.94	9.64
南雄市江头镇	铁苋菜	60.60	31.95	60.10	20.75	112.79
	胜红蓟	50.01	26.36	11.35	18.67	56.38
	狗尾草	20.82	10.96	3.15	17.43	31.54
	酸模叶蓼	40.01	21.09	21.01	16.60	58.70
	无芒稗	5.10	2.69	2.52	8.30	13.51
	香附子	7.23	3.80	0.95	5.81	10.55
	毛酸浆	3.03	1.58	0.42	4.98	6.98
	苦苣菜	1.01	0.53	0.34	4.15	5.01
	腋花蓼	2.00	1.05	0.17	3.32	4.54

续表

分布地	杂草名	密度/（株·米 $^{-2}$）	RD/%	RU/%	RF/%	RA/%
南雄市 水口镇	铁苋菜	80.62	71.01	79.42	35.97	186.41
	牛繁缕	20.33	17.89	18.01	28.78	64.68
	狗尾草	9.82	8.63	2.18	25.18	36.00
	齿果酸模	1.02	0.88	0.16	4.32	5.36
	大车前	1.82	1.59	0.22	5.76	7.56
南雄市 黄坑镇	铁苋菜	21.03	48.84	52.84	25.25	126.93
	狗尾草	5.41	12.56	2.42	17.17	32.15
	马齿苋	1.02	2.33	0.16	2.53	5.01
	酸模叶蓼	5.03	11.63	4.84	12.63	29.09
	空心莲子草	5.23	12.09	35.90	22.73	70.72
	牛繁缕	2.01	4.65	3.23	7.58	15.45
	萹蓄	1.10	2.56	0.12	5.05	7.73
	毛酸浆	2.34	5.35	0.48	7.07	12.90
始兴县 马市镇	无芒稗	122.03	41.97	34.90	11.34	88.20
	牛繁缕	20.01	6.88	9.41	9.07	25.36
	胜红蓟	50.24	17.27	8.19	10.20	35.67
	狗尾草	5.10	1.75	1.21	9.07	12.04
	铁苋菜	50.03	17.20	26.25	11.34	54.79
	马唐	8.23	2.82	1.37	8.62	12.80
	异型莎草	2.83	0.96	0.15	3.40	4.52
	阿穆尔莎草	1.62	0.55	0.14	2.72	3.41
	酸模叶蓼	14.10	4.85	4.70	10.20	19.76
	空心莲子草	5.22	1.79	12.74	3.17	17.71
	胜红蓟	3.03	1.03	0.46	5.44	6.93
	藜	5.44	1.86	0.24	3.63	5.73
	飞扬草	1.01	0.34	0.12	4.99	5.45
	飞机草	2.12	0.72	0.12	6.80	7.65

续表

分布地	杂草名	密度/（株·米⁻²）	RD/%	RU/%	RF/%	RA/%
乳源县杜屋村	加拿大飞蓬	50.24	30.11	46.31	23.47	99.90
	酸模叶蓼	81.21	48.71	33.27	23.47	105.45
	牛繁缕	20.03	12.00	19.24	18.78	50.02
	胜红蓟	4.94	2.94	0.33	7.51	10.78
	牛筋草	3.14	1.86	0.26	10.33	12.45
	毛酸浆	5.02	3.00	0.26	7.04	10.30
	蒲公英	2.34	1.38	0.33	9.39	11.10
乐昌县梅花镇	酸模叶蓼	61.31	47.74	49.10	22.22	119.07
	狗尾草	30.44	23.68	27.54	22.22	73.44
	反枝苋	10.52	8.18	5.99	20.00	34.17
	棒头草	21.23	16.51	16.77	22.22	55.50
	蘋	5.05	3.89	0.60	13.33	17.83
乐昌县坪石镇	蚤缀	200.10	29.30	34.89	9.88	74.07
	棒头草	99.24	14.53	7.45	9.88	31.86
	空心莲子草	51.13	7.49	25.58	9.88	42.95
	加拿大飞蓬	20.42	2.99	6.37	9.88	19.24
	腋花蓼	50.06	7.33	1.18	9.88	18.38
	铁苋菜	11.24	1.64	4.70	8.89	15.24
	马唐	20.10	2.93	1.67	9.88	14.48
	荠菜	52.06	7.62	2.35	7.91	17.88
	酸模叶蓼	162.05	23.74	14.90	9.88	48.51
	反枝苋	5.03	0.73	0.39	2.96	4.09
	蛇床	2.21	0.32	0.20	3.16	3.68
	蘋	5.44	0.79	0.10	3.95	4.84
	土荆芥	1.03	0.15	0.03	0.99	1.16
	苦苣菜	3.00	0.44	0.21	2.96	3.61
梅州市平原县八尺镇	酸模叶蓼	6.24	12.55	21.28	15.96	49.78
	水蓼	5.12	10.32	13.09	7.09	30.51
	稗草	15.03	30.36	27.82	17.73	75.92
	西来稗	2.34	4.66	1.64	10.64	16.93

续表

分布地	杂草名	密度/（株·米⁻²）	RD/%	RU/%	RF/%	RA/%
梅州市平原县仁居镇	金色狗尾草	5.01	10.12	13.09	17.73	40.95
	马唐	6.34	12.75	6.55	15.96	35.26
	胜红蓟	5.63	11.34	1.47	7.09	19.90
	莲子草	2.06	4.05	14.73	3.55	22.32
	虮子草	1.91	3.85	0.33	4.26	8.43
	铁苋菜	10.62	13.66	2.91	33.33	49.90
	酸模叶蓼	15.03	19.33	1.99	33.33	54.65
	雨久花	52.06	67.01	95.11	33.33	195.45
梅州市蕉岭县文福镇	胜红蓟	20.13	5.93	0.47	9.28	15.68
	马唐	100.05	29.52	6.34	9.28	45.13
	莲子草	50.64	14.94	18.90	8.35	42.18
	西来稗	11.02	3.25	0.56	8.35	12.16
	牛繁缕	2.34	0.68	0.47	2.78	3.93
	酸模叶蓼	50.04	14.76	3.99	7.42	26.17
	铁苋菜	3.34	0.97	0.59	3.71	5.27
	狗尾草	3.21	0.94	0.12	5.57	6.63
	香附子	3.04	0.89	0.12	2.78	3.79
	齿果酸模	1.03	0.30	0.05	0.93	1.27
	水蓼	20.43	6.02	3.29	7.42	16.73
	酢浆草	1.00	0.30	0.12	1.86	2.27
	毛酸浆	0.92	0.27	0.01	1.48	1.76
	苍耳	2.24	0.65	0.47	1.86	2.97
	毛轴莎草	2.04	0.59	0.04	2.78	3.41
	反枝苋	1.13	0.32	0.12	1.48	1.93
	牛筋草	2.32	0.68	0.05	5.57	6.29
	铁苋菜	10.05	2.95	1.64	7.42	12.02
	雨久花	48.03	14.17	62.32	8.35	84.84
	醴肠	5.40	1.59	0.21	1.86	3.66
	绢毛匍匐委陵菜	1.02	0.30	0.14	1.48	1.92

三、不同轮作方式杂草发生种类

在取样调查的 65 块烟田中，烟旱轮作田 35 块，烟稻轮作田 30 块。烟旱轮作发生的铁苋菜、酸模叶蓼、狗尾草、胜红蓟、牛繁缕、加拿大飞蓬、空心莲子草、蚤缀、毛酸浆、无芒稗等杂草的优势度分别为 101.58%、36.04%、32.01%、22.62%、18.59%、17.02%、16.24%、10.58%、5.69%、5.60%，为烟旱轮作田常见优势种杂草；烟稻轮作田发生的酸模叶蓼、雨久花、铁苋菜、狗尾草、无芒稗、马唐、胜红蓟、稗草、莲子草、棒头草、水蓼、金色狗尾草、反枝苋等杂草优势度分别为 52.23%、46.72%、36.50%、31.26%、18.27%、15.53%、12.94%、12.65%、10.75%、9.25%、8.23%、6.82%、6.02%，为烟稻轮作田常见优势种杂草。铁苋菜、酸模叶蓼、狗尾草、胜红蓟、无芒稗为烟旱轮作田和烟稻轮作田共有的常见优势种杂草（表 2-3、表 2-4）。

表 2-3　烟旱轮作杂草发生种类

杂草名	密度 /（株·米$^{-2}$）	相对多度 /%
铁苋菜	50.71	101.58
酸模叶蓼	41.46	36.04
狗尾草	25.24	32.01
胜红蓟	15.26	22.62
牛繁缕	6.04	18.59
加拿大飞蓬	10.09	17.02
空心莲子草	8.04	16.24
蚤缀	28.57	10.58
毛酸浆	1.80	5.69
无芒稗	1.44	5.60
棒头草	14.17	4.55
腋花蓼	7.43	3.28

续表

杂草名	密度 / (株·米$^{-2}$)	相对多度 /%
香附子	1.46	3.15
荠菜	7.43	2.55
苍耳	0.43	2.29
醴肠	0.71	2.18
蛇床	0.76	2.13
牛筋草	0.44	1.78
蒲公英	0.33	1.59
三叶鬼针草	0.31	1.44
蘋	1.09	1.39
苦苣菜	0.57	1.23
蒿蓼	0.16	1.10
大车前	0.26	1.08
齿果酸模	0.14	0.77
马齿苋	0.14	0.72
反枝苋	0.71	0.58
土荆芥	0.14	0.17

表 2-4　烟稻轮作杂草发生种类

杂草名	密度 / (株·米$^{-2}$)	相对多度 /%
酸模叶蓼	33.12	52.23
雨久花	16.67	46.72
铁苋菜	33.53	36.50
狗尾草	42.33	31.26
无芒稗	21.73	18.27
马唐	19.08	15.53
胜红蓟	13.18	12.94
稗草	2.50	12.65
莲子草	8.77	10.75

续表

杂草名	密度 /（株·米$^{-2}$）	相对多度 /%
棒头草	3.53	9.25
水蓼	4.42	8.23
金色狗尾草	0.83	6.82
反枝苋	1.93	6.02
牛繁缕	3.72	4.88
西来稗	2.22	4.85
蘋	1.73	3.93
香附子	3.03	3.86
空心莲子草	0.87	2.95
虮子草	0.32	1.40
飞机草	0.35	1.27
牛筋草	0.38	1.05
飞扬草	0.17	0.91
苦苣菜	0.22	0.80
异型莎草	0.47	0.75
腋花蓼	0.37	0.70
醴肠	0.90	0.61
毛轴莎草	0.33	0.57
阿穆尔莎草	0.27	0.57
苍耳	0.37	0.50
酢浆草	0.17	0.38
绢毛匍匐委陵菜	0.17	0.32
毛酸浆	0.15	0.29
齿果酸模	0.17	0.21

四、结论

广东烟地主要发生的优势种杂草有铁苋菜、酸模叶蓼、狗尾草、雨久花、胜红蓟、牛繁缕、无芒稗、空心莲子草、加拿大飞蓬、马唐、棒头草、稗草、蚤缀等,但是由于各烟区地域性不同、土壤条件不同、气候条件及其田间管理措施的差异，全省各烟区杂草优势种群存在明显差异。

梅州市烟区与其他烟区相比，雨久花发生量较大，为该地区主要优势杂草，这可能跟梅州地区水稻轮作及降水量较大有关。烟旱轮作田和烟稻轮作田杂草优势种存在明显差异，这跟杂草的生长习性有很大关系，极个别不常见杂草也有发生，调查取样存在一定的个体差异。

由于除草剂对烤烟品质影响，南雄市大部分烟地不使用除草剂，田间多以薄膜除草或人工除草，但因此也造成烟田杂草生长旺盛和人工劳力的浪费，科学使用化学除草剂是解决烟田杂草的主要途径。

烟草属于茄科双子叶植物，在烟草生长期可施用精喹禾灵等防除禾本科等单子叶杂草，但对铁苋菜、酸模叶蓼等双子叶杂草无效，而轮作地上茬作物收后可使用草甘膦等降解较快的除草剂除去烟田恶性杂草。但在始兴县马市镇调查发现，在烟稻轮作田，水稻茬使用过二氯喹啉酸除草剂的烟田造成下茬烟叶出现畸形情况，经取土测样研究发现土壤中有二氯喹啉酸农药残留，这与已有报道的二氯喹啉酸导致烟草畸形相符。

第二节　外来入侵杂草应引起高度重视

一种生物在人类活动及全球气候变化的影响下，从原产地进入到一个新的栖息地，并通过定居（colonizing）、建群（establishing）和扩散（diffusing）而逐渐占领该栖息地，从而对当地土著生物和生态系统造成负面影响的一种生态现象。

目前，我国外来物种入侵的情况十分严重。入侵物种的类型繁多，包括动物（哺乳类、鸟类、两栖类、爬行类、鱼类、昆虫类、甲壳类、软体动物等）、植物（乔木、灌木、草本）和微生物（细菌、病毒）。

其分布范围极其广泛，除了青藏高原上少数人迹罕至的偏远保护区外，全国 34 个省、自治区、直辖市都有外来入侵物种，包括各种生态系统类型（森林、草地、湿地、水域、农牧区和城市居民区）都被入侵。

目前入侵中国的外来物种有 400 多种，在国际自然保护联盟公布的全球 100 种最具威胁的外来生物中，中国有 50 余种。每年造成的经济损失达 570 多亿元。广东省检验检疫局公布的数据，一年一个季度可截获有害生物和有毒有害物质 745 种，9 116 次。

下面介绍的外来入侵杂草有的种类虽未在广东烟区出现，但要密切关注这些杂草，一旦发现应及时加以防范，绝不可以掉以轻心。

1. 五爪金龙（*Lpomoea cairica*）

旋花科，根块状。茎长达5米以上，无毛或粗糙，略具棱。叶5裂，达基部，中裂片较大，卵形，长4～5厘米，基部一对裂片再浅裂或深裂，先端急尖或微钝而呈短尖；叶柄长2～8厘米。苞片早落，花梗长0.5～2厘米；萼片不相等，外面两片较短，长4～6.5厘米，无毛；花冠粉红色或紫红色，漏斗状，宽5～7厘米；雄蕊内藏，不等长；雌蕊内藏，子房无毛，柱头2裂。蒴果多球形，长约1厘米。种子黑色，长约5毫米，密被毛。原产于美洲，现广泛在热带分布，在我国南方沿海诸省分布蔓延，是园林重要的害草。

2. 薇甘菊（*Mikania mcrantha*）

菊科，一种能爬上灌木、乔木，并像被子一样把树木全部覆盖，然后使树木因缺少阳光、养分、水分而死亡的植物杀手薇甘菊，正在珠江三角洲蔓延，引起了各方的密切关注。

20世纪80年代末曾在海南岛发现过薇甘菊，如今在广东湛江、阳江、台山、广州、珠海、深圳及香港等地都发现了薇甘菊。灌木被薇甘菊覆盖后其形状如同一座座"坟墓"，形状十分可怕。

薇甘菊困扰了东南亚国家20多年，如今薇甘菊在整个伶仃岛上蔓延较凶，海拔6～160米的范围内，基本都有薇甘菊的分布，大树被薇甘菊缠绕覆盖后都不能进行正常的光合作用，只有逐渐枯死。

薇甘菊在内伶仃岛继续蔓延已经危及岛上猕猴的生存。深圳深南大道路边及一些绿化带丛中，也可看到薇甘菊在生长。

3. 紫茎泽兰（*Eupatorium adenophorum*）

菊科，多年生草本植物或亚灌木。原产墨西哥，因其茎和叶柄呈紫色，故名紫茎泽兰。

大约20世纪40年代，紫茎泽兰由中缅边境传入云南南部，至目前为止，云南80%面积的土地都有紫茎泽兰分布。西南地区的云南、贵州、四川、广西、西藏等地都有分布，以每年10～30千米的速度向北和向东扩散。

1935年我国在云南南部首次发现，随河谷、公路、铁路自南向北传播，侵占农田、林地；与农作物和林木争水、肥、阳光和空间；能分泌化感物，排挤邻近多种植物，堵塞水渠，阻碍交通；全株有毒，为害畜牧业等。

4. 豚草（*Ambrosia artemisiifolia*）

菊科，原产北美加拿大，从20世纪30、40年代起，随国际商业、农业交往，传布于欧洲、美洲、亚洲大部分国家。在我国，20世纪 30 年代随国际农业种子进口，普通豚草和三裂叶豚草开始侵入东北三省，长江流域是 20 世纪 40 年代开始发现豚草。江西省在 20 世纪 70 年代发现了豚草的踪迹，当时也只是零星分布在南浔铁路线两边。现在这种世界性为害杂草已经在全国 19 个省市蔓延，广东烟田已有分布，现正在大片地蚕食土地，造成一些地方农用地撂荒，由于花粉为敏感源，也严重为害人体健康。

豚草能混杂在所有旱地作物中生长，特别是玉米、大豆、向日葵、大麻、洋麻等中耕作物和禾谷类作物，并能导致作物大面积草荒，以致绝收。在每平方米的玉米地中，发现 30 ~ 50 株豚草，玉米将减产 30% ~ 40%，当豚草数量增加到 50 ~ 100 株时，玉米几乎就是颗粒无收。豚草已扩散至广东部分烟区，但对烟草的产量和品质的影响未见报道。

5. 一枝黄花（*Soliago decurrens*）

菊科，又称黄花草，多年生菊科草本植物，高 1.5 ~ 3 米。它通过根和种子两种方式繁殖，具有超强的繁殖能力，每株可以生出 2 万多粒种子，通过风和鸟类等途径迅速传播繁衍，三年就能迅速成片。由于这种植物有毒，其生长区里的其他作物、杂草则一律消亡。

THREE

第三章 | 烟区杂草绿色防控的主要技术及应用

　　杂草绿色防控是从生物和环境的总整体观点出发，本着预防为主的指导思想和安全、有效、经济、简易的原理，因地因时制宜，合理利用农业、生物、化学、物理的方法，以及其他有效的手段，把杂草控制在不足为害的水平，以达到保护人畜健康和增产的目的。绿色防控不同于单纯的化学防治，它的特点是：①以生态学为理论依据。②不要求彻底消灭杂草，允许杂草在作物受害密度以下继续存在。③分析杂草密度所造成的为害经济水平与防控费用的关系。④强调各种防控方法的相互配合。

　　本章主要介绍杂草绿色防控的主要技术和烟田采用相关技术的防控效果。

第一节　化　学　防　治

　　杂草化学防治是目前农田杂草防治中最重要的手段，也是烟田杂草防治的重要技术。它具有省工、省时、高效、快捷的优点，是提高劳动生产效率、发展高效与优质农业的重要措施。因此，是我国烟区普遍采用化学防治技术。但除草剂的滥用会带一系列的问题，诸如：①不能选择正确的除草剂，不能采用正确的施用方法，不能掌握好施用剂量、时间，必将出现烟草药害。②有些类型除草剂结构相当稳定，难以在环境中降解，必将残留在烟田土壤、水体中，对后茬敏感作物烟草必将产生药害，严重的药害对整田、整个烟区的烟草生长、产量、品质都有影响，甚至对受害地区的烟草业是毁灭性的，最近10多年出现的前茬水田施用二氯喹啉酸（quinclorac）除草剂，对后茬烟草的生长影响是最突出的例子。③滥用除草剂还会带来环境和消费者的安全性问题，水体、大气和农田土壤甚至烤烟中残留有除草剂，会对土壤生物种群、群落的生态平衡造成破坏，也对吸烟消费者健康造成影响。

为了克服滥用化学农药带来的问题，加强农业生态治理和农产品安全监管，农业部2015年颁布了农科教发〔2015〕1号文件《关于打好农业面源污染防治攻坚战的实施意见》，文中明确提出：力争到2020年农业面源污染加剧的趋势得到有效遏制，实现"一控两减三基本"目标和到2020年农药使用量零增长行动的要求。目前的具体措施即为"管住高毒、减少低毒、科学用药"的办法，主要是解决过量的不安全的施用问题。

为了减小化学除草剂对烟草生长和环境的影响，配合杂草绿色防控体系构建，现将烟田适宜用和不适宜除草剂介绍一下。

一、烟田限制和推荐使用的除草剂

广东烟区主要种植方式为烟稻轮作，水稻生长期施用何种除草剂关系到后茬烟草生长和产量。有些高残留除草剂品种虽然对稻田杂草有着优异的防控效果，但我们必须让烟农知道，某些残留在土壤和水中的除草剂，将会对烟草造成影响。

（一）前茬水稻和烟田不适宜使用的除草剂

二氯喹啉酸（quinclorac）（酸性土壤）、苄嘧磺隆（bensulfuron methyl）（碱性土壤）、氯嘧磺隆（chlorimuron-ethyl）、苯磺隆（tribenuron-methyl）、二甲四氯钠（MCPA-Na）、莠去津（atrazine）。

（二）前茬水稻作物田推荐使用的除草剂

五氟磺草胺（penoxsulam）、53%苄嘧·苯噻酰WP、35%苄·丁WP、30%苄·二氯WP、二甲戊灵（pendimethalin）。

（三）烟田推荐使用的除草剂

精喹禾灵（quizalofop-p-ethyl）、吡氟乙草灵（haloxyfop）、

高效吡氟氯禾灵、高效盖草能（haloxyfop-R-methyl）等芳氧苯氧丙酸类除草剂（防控单子叶禾本科杂草）。

二、施用除草剂的技术要求

（1）严格按照产品使用说明施用除草剂，严格控制使用的浓度和施用次数。

（2）禁止乱混乱配。

（3）注意轮换使用不同作用机制或不同结构类型的除草剂。

（4）注意施药时的气候状况，避免大风大雨施药，防止农药飘移。

三、土壤残留除草剂缓解措施

1. 撒施生石灰

稻田施用二氯喹啉酸后，水稻收割后，耕地前可撒施生石灰或草木灰，提高土壤的 pH，加速二氯喹啉酸的降解，减轻后茬烟草药害的发生。

2. 增施农家肥

改良土壤生态环境，增加土壤微生物丰度和活力，加速残留农药的降解。

3. 灌水或保水

水稻收割后，及时灌水或保水，提高土壤湿度，加速残留农药的水解。

四、烟田除草剂应用效果

为了提高烟田除草效果和除草谱，同时延缓杂草抗除草剂的发生，采用两种不同作用机理除草剂混配，是科学用药的组成部分。

（一）异丙甲草胺 × 仲丁灵混配联合作用

项目组选用异丙甲草胺 × 仲丁灵按不同配比进行混配，土壤芽前处理，发现两种药剂能有效提高防治。当异丙甲草胺（0.5）×仲丁灵（0.5）配比时，对单子叶杂草的株防治效果和鲜重防治效果达到最大值，分别是 92.5% 和 91.6%，为联合增效作用。当异丙甲草胺（0.25）× 仲丁灵（0.5）配比时，对阔叶杂草株防治效果和鲜重防治效果显示联合作用为增效，防治效果分别是 93.1% 和 87.1%，此时为异丙甲草胺和仲丁灵复配防治双子叶杂草的最佳配比。

（二）敌草胺 × 仲丁灵混配联合作用

以敌草胺（0.25）× 仲丁灵（0.5）配比时，土壤芽前处理，发现两种药剂能有效提高防治效果，对双子叶杂草株防治效果和鲜重防治效果分别是89.9%和91.0%；在施药剂量为0.125×0.25、0.25×0.25、0.25×0.5、0.5×0.5时，对双子叶杂草的鲜重防治效果均为增效。敌草胺（0.25）× 仲丁灵（0.5）为两种除草剂防治杂草的最佳配比。

（三）灭草松 × 精喹禾灵混配联合作用

灭草松主要用于防除阔叶和莎草科杂草，对禾本科杂草无效，精喹禾灵则主要防除稗草、狗尾草、马唐、牛筋草、千金子、狗牙根、白茅等一年生和多年生禾本科杂草。当灭草松（0.25）× 精喹禾灵（0.5）配比时，茎叶处理，株防治效果和鲜重防治效果分别是88.8% 和92.6%；当施药剂量为 0.5×0.25 时，株防治效果和鲜重防治效果分别是 94.2% 和 93.6%。

（四）砜嘧磺隆 × 精喹禾灵混配联合作用

砜嘧磺隆用于防除香附子、野燕麦、稗草、马齿苋、繁缕，以及蓼科等一年生或多年生禾本科及阔叶杂草。当砜嘧磺隆（0.5）× 精喹禾灵（0.25）配比时，茎叶处理株防治效果和鲜重防治效果分别是 93.6% 和 95.0%。

（五）应用效果

选用烟田推荐施用的三种芽前除草剂（仲丁灵、敌草胺、异丙甲草胺）和三种苗后除草剂（精喹禾灵、灭草松、砜嘧磺隆）分别混配进行盆栽药效试验，其中，芽前除草剂仲丁灵和异丙甲草胺复配对杂草的联合作用主要是拮抗和相加，在施药剂量为异丙甲草胺（12.1千克/亩）×仲丁灵（13.5升/亩）时，对单子叶杂草的株防治效果和鲜重防治效果达到最大值，防治效果分别是92.5%和91.6%；在施药剂量为6千克/亩×13.5升/亩时，对双子叶杂草的株防治效果和鲜重防治效果联合作用为增效，防治效果分别是93.1%和87.1%，此时为异丙甲草胺和仲丁灵复配防治双子叶杂草的最佳配比。敌草胺和仲丁灵复配对杂草株防治效果和鲜重防治效果的联合作用主要都是相加，少数为增效作用，防治效果随仲丁灵的剂量增大而逐渐提高，且敌草胺（4.2千克/亩）×仲丁灵（13.5升/亩）为两种除草剂防治杂草的最佳配比，此剂量下对单子叶杂草株防治效果和鲜重防治效果分别是89.9%和91.0%，对双子叶杂草的防治效果分别是87.7%和85.3%。苗后除草剂复配无增效作用，但在施药剂量为灭草松（2.7千克/亩）×精喹禾灵（0.84升/亩）时，单子叶杂草株防治效果和鲜重防治效果分别是88.8%和92.6%；施药剂量为5.4千克/亩×0.4升/亩时，株防治效果和鲜重防治效果分别是94.2%和93.6%；在砜嘧磺隆（0.14千克/亩）×精喹禾灵（0.4升/亩）时，单子叶杂草的株防治效果和鲜重防治效果分别是93.6%和95.0%，防治效果良好。

广东南雄烟区优势杂草主要是铁苋菜、羊蹄酸模、水蓼、稗草、狗尾草、马唐等，以大戟科、蓼科、禾本科为主。在施药剂量为异丙甲草胺（6千克/亩）×仲丁灵（13.5升/亩）和敌草胺（4.2千克/亩）×仲丁灵（13.5升/亩）时，对杂草的联合作用是增效，且防治效果好，可以进一步做田间验证并推广。

异丙甲草胺的作用机理主要是抑制发芽种子的蛋白质合成，其次抑制胆碱渗入磷脂，干扰卵磷脂形成，且由于禾本科杂草幼芽吸收异丙甲草胺的能力比阔叶杂草强，因而该药防除禾本科杂草的效果远远好于阔叶杂草；仲丁灵主要抑制分生组织的细胞分裂，从而抑制杂草幼芽及幼根生长，主要用于防除一年生单子叶杂草和部分双子叶杂草；敌草胺主要抑制细胞分裂和蛋白质合成，使根生长受影响，心叶卷曲，最后死亡，用于防除一年生禾本科杂草及部分双子叶杂草。

第二节　其他防治方法

目前，杂草其他防治方法包括物理防治、农业措施及生态防治、生物防治、利用生物工程技术除草等。

一、物理防治

物理防治包括人工除草，机械除草，火焰、电力与微波除草，薄膜覆盖除草等。

（一）人工除草

人工除草为小面积除草、最简单的传统除草方式。人工除草是绿色、优质、生态、环保，保证农产品绿色原生态的原始方法。目前，在广东烟田还可见到有少数烟农采用人工锄草方式防治烟田杂草地。由于人工除草消耗人力，工作效率低下，不适宜大面积农作物和烟草田采用。

（二）机械除草

机械除草作业是农业可持续发展的一项关键性生产技术。利用机械完成耕、翻、耙、中耕松土等工作，达到在播种前、出苗前及各生育期等不同时期进行除草，能杀除已出土的杂草或将草籽深埋，或将地下茎翻出地面使之干死或冻死。

（三）火焰、电力与微波除草

火焰除草是一项最新除草技术，除具有除草功能外，同时可以对土壤进行灭菌和灭虫的作用。

利用微波的热效应与生物效应原理，由微波振荡器将电能转化为微波能，通过微波辐射器定向、高剂量地照射土壤或地面，选择性加热生物介质材料进行除草灭菌，既快速杀灭各种有害生物，又节省能源，不污染环境。

（四）薄膜覆盖除草

利用除草地膜覆盖达到除草目的。除草地膜是普通地膜在生产过程中加入黑色母粒或选择性化学除草剂制成的，具有除草功能的一种农业覆盖薄膜。

除草地膜可分为两种：①含除草剂的地膜，由除草剂、助剂和树脂混合好做成母粒，再在普通地膜挤出机上经吹塑成膜。②含阳光屏蔽剂的除草地膜，由低密度聚乙烯树脂、线型低密度聚乙烯树脂为基料，加入黑色母粒和助剂，经吹塑成膜。

二、农业措施及生态防治

（一）农业措施防治

农业措施包括精选种子、减少秸秆还田时杂草种子的传播、使用腐熟的有机肥、清理田间地头的杂草、耕作治草、覆盖治草、轮作治草、间套作治草。

1．精选种子、减少种子的传播、使用腐熟的有机肥

控制杂草种子入田，首先是尽量勿使杂草种子或繁殖器官进入作物田。

精选播种材料，特别注意国内没有或尚未广为传播的杂草必须严格禁止输入或严加控制，防止扩散，以减少田间杂草来源。

用杂草沤制农家肥时，应将含有杂草种子的农家肥料经过用薄膜覆盖，高温堆沤 2 ~ 4 周，腐熟成有机肥料，杀死其发芽力后再用。

2．清理田间地头的杂草

及时清理田间地头地边的杂草，将田边地埂虚土铲除，培土修埂，能减少杂草扩散、减少虫害和病害的发生。

3．耕作治草

借助耕作的各种措施，在不同时期，不同程度上消灭杂草幼草、植株或切断多年杂草的营养繁殖器官，进而有效治理杂草的一项农业措施。

立足于免耕，隔几年进行一次深耕是控制农田杂草的有效措施。

4．覆盖治草

利用稻草和植物枝梢覆盖作物生长周围，通过阻断幼小杂草采光、达到抑制杂草的生长，起到治草的目的。需要注意的是，稻草腐烂产生的羟基苯甲酸、苯乙醇酸、香豆素、丁香酸等可抑制水稻幼苗的生长。玉米、高粱、燕麦残株腐烂产生咖啡酸、肉桂酸、香豆素、没食子酸、香草醛、苯甲醛等可抑制高粱、大豆、向日葵等作物的生长。

5．间套作治草

两种或两种以上作物隔畦、隔行有规则栽种的种植制度，称

为间套作。作物田常以玉米套作辣椒、花生、大豆。

（二）生态防治

生态防治主要是利用化感作用治草、以草治草、利用作物竞争作用治草、以水控草。

1. 利用化感作用治草

利用植物间的化感作用，合理选择轮作作物搭配，可以有准备地控制杂草。如向日葵能有效抑制马齿苋、曼陀罗、牵牛花、藜等杂草生长，燕麦可抑制芥属杂草顶端生长。采用向日葵与燕麦轮作，可明显降低这些杂草的为害。

2. 以草治草

果园生草覆盖技术是一项能提高土壤肥力、改善生态环境、提高果实质量的土壤管理技术。主要好处是：①防止或减少水土流失。②改良土壤，提高土壤肥力。③促进果园生态平衡。④优化果园小气候。⑤促进观光农业发展。

果园生草原理：利用生态学中任何生物的生存都不是孤立的、各种生物之间存在复杂的相生相克和异株克生关系这一原理，达到有利于果树生长的环境条件，保障果树的正常生长和发育的目的。利用生草植物的生长优势和释放化感物质抑制杂草的生长，实现"以草治草"的目的。一次种植，4～5年不用除草，大大节省了除草的成本。

果园推荐种植草种：三叶草、百喜草、黑麦草、鼠茅草等。

3. 利用作物竞争作用治草

选良种，早播种，培壮苗，促早发，提高作物个体和群体的竞争能力，使作物能够充分利用光、水、肥、气和土壤空间，减少或削弱杂草对相关资源的竞争和利用。在烟田调节整地起垄时间也可达到控制或抑制杂草生长的目的。

项目组在广东南雄烟区开展了不同整地起垄时间对烟田杂草发生为害的影响试验，比较不同整地起垄时间烟田杂草发生情况（表3-1）。

表3-1 移栽后30天各处理杂草株数统计结果

整地起垄时间	单子叶杂草 /（株·米$^{-2}$）	双子叶杂草 /（株·米$^{-2}$）	杂草总株数 /（株·米$^{-2}$）
2014年12月5日	128.2	68.6	196.8
2015年1月5日	117.4	65.4	182.8
2015年2月5日	86.4	50.8	137.2

整地起垄时间分别为2014年12月5日、2015年1月5日、2015年2月5日。试验地不进行任何除草措施处理。移栽日期为2015年2月26日，其他栽培措施按南雄市优质烤烟生产技术规程进行。

移栽后30天、60天调查各处理不同种类杂草株数，第60天调查时，在记载不同种类杂草数量的同时分类称取鲜重。

移栽后30天杂草株数调查结果看，随着整地起垄时间的推迟，烟田杂草株数呈下降的趋势，分析早期整地起垄促进了杂草种子萌发。

表3-2是移栽后60天各处理杂草株数。从表3-2移栽后60天杂草株数调查结果可知，随着整地起垄时间的推迟，烟田杂草株数也有下降的趋势。

表 3-2　移栽后 60 天各处理杂草株数统计结果

整地起垄时间	单子叶杂草 /（株·米$^{-2}$）	双子叶杂草 /（株·米$^{-2}$）	杂草总体 /（株·米$^{-2}$）
2014 年 12 月 5 日	328.2	228.6	556.8
2015 年 1 月 5 日	268.6	185.7	453.3
2015 年 2 月 5 日	221.4	175.7	397.1

移栽后 60 天杂草鲜重调查结果（表 3-3）表明，随着整地起垄时间的推迟，烟田杂草鲜重也呈下降的趋势。

表 3-3　移栽后 60 天各处理杂草鲜重统计结果

整地起垄时间	单子叶杂草 /（克·米$^{-2}$）	双子叶杂草 /（克·米$^{-2}$）	杂草总体 /（克·米$^{-2}$）
2014 年 12 月 5 日	158.2	128.6	286.8
2015 年 1 月 5 日	125.7	100.0	225.7
2015 年 2 月 5 日	100.0	85.7	185.7

试验结果表明，随着整地起垄时间的推迟，烟田杂草株数和鲜重均呈下降的趋势，说明提早烟田整地起垄时间，促进烟田杂草种子萌发及生长。因此，适当推迟整地起垄时间，有利于控制烟田杂草的发生。

4. 以水控草

在一定时间内，通过建立一定深度的水层，使正在萌发或已经萌发生长的杂草幼苗窒息而死，或抑制杂草种子的萌发或迫使其休眠，或使其吸涨腐烂死亡，减少对作物的干扰竞争。

我国烟区以稻烟轮作作为主要种植方式，这种水旱轮作方式有利于病虫草的控制，特别是对旱生杂草生长起到一定的控制作用。

三、生物防治

（一）定义和生物防治类型

生物防治是利用不利于杂草生长的生物天敌如节肢动物（昆虫和螨类）、植物病原菌（真菌、细菌、病毒、线虫）、鱼类、鸟类和其他动植物来控制杂草的发生，使其种群数量和分布控制在经济阈值允许或人类的生产、经营活动不受其太大影响的水平之下。

（二）生物防治的类型

生物防治的类型有以下 4 种。

1. 经典式

直接从杂草原产地引进具有寄主专一性的天敌对付外来杂草。

2. 广谱式

控制杂草天敌的数量，从而在维持生态平衡的状态下控制住杂草，使其为害处于经济阈值之下。

3. 保守式

是指减少自然植食性昆虫的天敌（包括其寄生物、猎食者和病害），这些昆虫往往取食本地植株。

4. 淹没式

也称生物除草剂策略，是指在人为的控制条件之下，选用能杀灭杂草的天敌后，进行人工培养获得大剂量生物制剂，从而用以防治目标杂草。

（三）生物控草技术

1. 以菌控草

（1）真菌除草剂。

①鲁保一号。一种真菌除草剂，可防治特定杂草的活真菌产品。鲁保一号防治大豆田的菟丝子，防治效果一般在85%以上。

曾在山东、江苏、安徽、宁夏、陕西、湖北、新疆、河北、河南应用，但产品保存期短，未进行工业化生产。

②商品化的真菌除草剂。Collego：胶孢炭疽菌合萌专化型菌，防治水稻田弗吉尼亚合萌杂草；Devine：棕榈疫霉为接种体，防治恶性杂草莫伦藤；BioMal：胶孢炭疽菌锦葵专化型（CGM）孢子，防治圆叶锦葵；Biochon：银叶菌，防治野黑樱和其他禾本科杂草；DrBiosedge：纵沟柄锈菌，防治油莎草。

（2）细菌除草剂。

①黄单胞菌 P-482 菌株，可防治草坪剪顾颖类杂草。

②野油菜黄单胞菌早熟禾变种，可防治草坪早熟禾。

③从杂草根际分离的非荧光假单胞菌和草生欧文氏菌，对宿主具有明显的抑制作用。

④荧光假单胞菌 D7 菌株，可抑制旱雀麦的生长。

⑤丁香单胞菌，可防治大豆田的蓟属杂草。

⑥野油菜黄单胞菌反枝苋致病变种和链霉菌近灰类群菌的发酵提取物，可强烈抑制野苋菜和马唐幼苗根系的生长。

⑦淡紫灰吸水链霉菌，对稗草有明显的抑制作用。

（3）微生物源生物除草剂。

①茴香霉素，可作为水稻选择性除草剂。

②双丙氨酰膦和草胺膦，广泛用于果园、苗圃、橡胶园等防除一年生和多年生禾本科及阔叶杂草。

2. 以虫控草

（1）盾负泥虫可防控鸭跖草。

（2）水葫芦象甲虫可防水葫芦。

（3）豚草条纹叶甲可蚕食田间的豚草。

（4）酢浆草红蜘蛛可防酢浆草。

3. 利用生物工程技术除草

从大肠杆菌、沙门氏杆菌和农杆菌等微生物中分离出抗草甘膦的突变基因，应用于生产的是从农杆菌菌株上分离出的抗草甘膦基因。在大豆上导入了这种抗草甘膦基因，促使大豆植株中表达出合成酶对草甘膦的敏感性比较低，使得转基因植物体内的莽草酸途径可以正常进行，这样大豆就表现出了对草甘膦的抗性。

由于转基因抗除草剂作物推广与应用，不可避免地在自然环境条件下抗性基因会漂移和逸出，田间将会出现难以防控的超级杂草。这类超级杂草是指转基因植物（主要是转抗除草剂基因）本身变成杂草，或者通过花粉传播，以及受精导致某些外源基因漂移到野生近缘种或近缘杂草，从而形成耐多种除草剂、具抗性的野生化杂草。超级杂草应引起科技界和植保界的高度重视，尽早制定出防范策略和控制措施。

四、烟田综合防治杂草效果

（一）烟田杂草综合控制技术的主要措施

适当推迟起垄时间，在移栽前 25 ～ 30 天进行起垄；在移栽前 3 天采用芽前除草剂 72% 异丙甲草胺乳油 33.75 千克 / 亩或 50% 仲灵·异恶松乳油 45 升 / 亩进行土表喷雾；采用"前膜后草"覆盖栽培即移栽后及时覆盖配色膜，移栽后 30 ～ 35 天揭膜进行中耕高培土，然后覆盖稻草；在移栽后 35 ～ 40 天烟株进入旺长期，田间杂草在 3 ～ 4 叶期采用芽后除草剂 25% 砜嘧磺隆水分散粒剂 1.13 千克 / 亩进行定向喷雾。以不进行任何除草措施的烟田为对照区，其他田间栽培管理按南雄市优质烟叶生产技术方案执行。

（二）大田示范推广基本情况

示范区移栽期 2 月下旬，全面采用小苗膜下移栽技术，单行种植，行株距 110 厘米 × 60 厘米，亩（亩为已废除单位，1 亩 ≈ 666.7 米^2）施氮量为 10.5 千克，N：P_2O_5：K_2O=1：0.5：1.6，采用现蕾打顶，化学抑芽；5 月中旬开始采收，6 月下旬采收烘烤完毕，全面采用密集烘烤。

在烟株团棵期（4 月上旬）和成熟期（5 月上旬）各调查一次示范区和对照区田间杂草发生情况，记载不同类型杂草的株数和鲜重，计算杂草株数和鲜重相对防除效果。同时随机调查示范区和对照区烟株农艺性状和主要病虫害发生情况，成熟烘烤后统计烟叶经济性状。

（三）防治效果

1. 综合处理与对照区烟田杂草防治效果的比较

示范区对单子叶杂草的防治效果高于对双子叶杂草的防治效果，从杂草总体来看，对杂草株数和鲜重的防治效果达到 90% 以上，说明综合控制技术对烟田杂草的防治效果较好，基本控制了烟田杂草的发生为害（表 3-4、表 3-5、表 3-6）。

表 3-4　烟株团棵期烟田杂草株数防治效果统计

处理	单子叶杂草		双子叶杂草		总防效	
	株数 /（株·米$^{-2}$）	防效 /%	株数 /（株·米$^{-2}$）	防效 /%	株数 /（株·米$^{-2}$）	防效 /%
示范区	5.0	97.30	20.0	84.37	25.0	92.01
对照区	185.0	—	128.0	—	313.0	—

表 3-5　烟株成熟期烟田杂草株数防治效果统计

处理	单子叶杂草		双子叶杂草		总防效	
	株数 / （株·米 $^{-2}$）	防效 / %	株数 / （株·米 $^{-2}$）	防效 / %	株数 / （株·米 $^{-2}$）	防效 / %
示范区	12.0	95.34	32.0	82.80	44.0	90.09
对照区	258.0	—	186.0	—	444.0	—

表 3-6　烟株成熟期烟田杂草鲜重防治效果统计

处理	单子叶杂草		双子叶杂草		总防效	
	鲜重 / （克·米 $^{-2}$）	防效 / %	鲜重 / （克·米 $^{-2}$）	防效 / %	鲜重 / （克·米 $^{-2}$）	防效 / %
示范区	52.0	97.37	108.0	74.58	160.0	93.35
对照区	1 982.0	—	425.0	—	2 407.0	—

2. 烟株农艺性状调查结果

从表 3-7 圆顶期烟株农艺性状调查结果看，与对照区比较，示范区烟株株高、有效叶数、茎围和叶片长宽均有所增加，表明通过烟田杂草的综合控制促进了烟株生长发育。

表 3-7　圆顶期烟株农艺性状调查结果

处理	株高 / 厘米	有效叶数 / 片	茎围 / 厘米	节距 / 厘米	下部叶长（宽）/ 厘米	中部叶长（宽）/ 厘米	上部叶长（宽）/ 厘米
示范区	92.1	18.8	9.4	4.8	60.3/（23.4）	75.2/（27.2）	67.3/（24.5）
对照区	88.6	18.5	9.3	4.8	58.9/（22.6）	74.8/（26.8）	66.6/（23.7）

3. 烟株病虫害发生情况

从表 3-8 烟株病虫害调查结果看，与对照区比较，示范区烟株病毒病、青枯病的发病率均有所降低，烟蚜和斜纹夜蛾发生数量也有所下降，说明通过烟田杂草的综合控制能降低烟草病虫害的发生。

表 3-8　烟株主要病虫害发生情况调查结果

处理	病毒病发病率 /%	青枯病发病率 /%	烟蚜数量 /（头·株⁻¹）	斜纹夜蛾数量 /（头·株⁻¹）
示范区	1.2	2.3	6.7	0.1
对照区	1.8	5.6	12.2	0.5

4. 烟叶经济性状统计结果

从表 3-9 主要烟叶经济性状统计结果看，与对照区比较，示范区烟叶亩产量增加 13.65 千克，上等烟比例增加 2.53%，每千克均价增加了 0.62 元，亩产值增加了 445.00 元，说明通过烟田杂草的综合控制能够提高烟叶的产量和质量。

表 3-9　主要烟叶经济性状统计结果

处理	产量 /（千克·亩⁻¹）	上等烟比例 /%	均价 /（元·千克⁻¹）	产值 /（元·亩⁻¹）
示范区	162.50	55.83	25.84	4 199.00
对照区	148.85	53.30	25.22	3 754.00

调查结果表明，采用杂草综合控制技术对烟田杂草有较好的防治效果，示范区烟株团棵期和成熟期对杂草株数和鲜重的防治效果达到 90% 以上，基本控制了烟田杂草的发生为害。通过烟田杂草的综合控制促进了烟株生长发育，降低烟草病虫害的发生，提高烟叶的产量和质量。

第四章 除草剂作用机理

烟田杂草绿色防控原色图鉴

　　了解除草剂除草的毒理，对于科学合理使用除草剂，提高防治效果，避免药害发生具有重要的指导意义。

　　要了解除草剂除草的毒理，必须知道除草剂的作用方式。根据植物对除草剂的吸收和传导与否，可将除草剂分为触杀型和内吸型两种类型的除草剂；根据植物对除草剂反应不同，除草剂又可分为灭生性和选择性除草剂。根据植物对除草剂的吸收传导速率不同和进入植物体内代谢差异，又可将选择性除草剂分为生理选择性除草剂和生物化学选择性除草剂。其中生物化学选择性是认识除草剂为什么能防除杂草，保护作物的重要机制。本章重点介绍几类常用除草剂。

第一节　除草剂作用机理的分类

一、干扰微管组装的除草剂

　　二硝基苯胺类、氟硫草定、乙丁氟灵、甲基胺草磷、仲丁灵、抑草磷、氨氟灵、苯甲酰胺、乙丁烯氟灵、炔苯酰草胺、氨磺乐灵、牧草胺、二甲戊灵、氨氟乐灵、氯酞酸甲脂、氟乐灵。

　　微管是由微管蛋白组成的具有重要功能的细胞结构物质，在构成细胞骨架、维系细胞结构稳定，保障细胞生长发育和细胞运动都发挥极其重要的作用。微管的组装与拆卸与细胞分裂纺锤体的形成有密切的关系。干扰微管组装直接影响植物细胞的分裂，植物不能正常地生长和发育。

二、与细胞有丝分裂的微管结合的除草剂

　　氨基甲酸酯类、氯苯胺灵、苯胺灵、双酰草胺。

三、影响细胞分裂或长链脂肪酸合成的除草剂

乙酰胺、丙草胺、毒草胺、双苯酰草胺、异丙草胺、萘丙胺、噻吩草胺、敌草胺、氧化乙酰胺、氯乙酰胺、苯噻酰草胺、乙草胺、四唑啉酮、甲草胺、四唑草胺、丁草胺、二甲草胺、二甲吩草胺、吡唑草胺、异丙甲草胺。

四、抑制细胞壁合成的除草剂

敌草腈、氯硫酰草胺、苯甲酰胺、异恶酰草胺、三唑羧基酰胺、氟胺草唑。

五、光合作用第二光系统 A 部位抑制剂

三氮杂苯、莠灭净、莠去津、氰草津、敌草净、异戊净、扑灭通、扑草净、扑灭津、西玛津、西草净、特丁津、特丁净、草达津、三氮杂苯酮、环嗪酮、苯嗪草酮、嗪草酮、三唑啉酮、脲嘧啶、除草定、环草定、特草定、邻二氮杂苯酮、氯草敏、苯基氨基甲酸酯、甜菜安、甜菜宁、丁噻隆。

六、光合作用第二光系统 B 部位抑制剂

苯并噻唑、灭草松、溴酚亏、溴苯腈、碘苯腈、苯基邻二氮杂苯、哒草特。

七、光合作用第二光系统抑制剂

甲氯酰草胺、环草隆、敌稗、枯草隆、敌草隆、磺噻隆、非草隆、氟草隆、异丙隆、利谷隆、甲基苯噻隆、溴谷隆、甲氧隆、绿谷隆、草不隆。

八、乙酰辅酶A羧化酶抑制剂

芳氧苯氧丙酸、炔草酸、氰氟草脂、禾草灵、恶唑禾草灵、精吡氟禾草灵、氟吡禾灵、恶草酸、喹禾灵、环己二酮、禾草灭、烯草酮、噻草酮、烯禾啶、三甲苯草酮。

九、乙酰乳酸合成酶抑制剂

咪唑啉酮、咪草酸、咪唑甲氧甲基烟酸、咪唑甲烟酸、咪唑烟酸、咪唑喹啉酸、咪唑乙烟酸、磺酰脲、酰嘧磺隆、四唑嘧磺隆、苄嘧磺隆、氯嘧磺隆、氯磺隆、醚磺隆、环丙嘧磺隆、胺苯磺隆、乙氧磺隆、啶嘧磺隆、氟吡嘧磺隆、唑吡嘧磺隆、甲磺隆、烟嘧磺隆、氟嘧磺隆、氟磺隆、吡嘧磺隆、砜嘧磺隆、甲嘧磺隆、噻吩磺隆、醚苯磺隆、苯磺隆、氟胺磺隆、三唑嘧啶、唑嘧磺草胺、氯酯磺草胺、双氯磺草胺、甲氧磺草胺、嘧啶水杨酸、双草醚、嘧草硫醚、嘧啶肟草醚、环酯草醚、嘧草醚、磺酰氨基碳酰三唑啉酮。

十、5-烯醇丙酮莽草酸-3-磷酸合成酶抑制剂

草甘膦。

十一、谷氨酰胺合成酶抑制剂

草铵膦、双丙氨膦。

十二、原卟啉原氧化酶抑制剂

二苯醚、三氟羧草醚、甲羧除草醚、乙羧氟草醚、氟磺胺草醚、乳氟禾草灵、乙氧氟草醚、N-苯基酞酰亚胺、氟烯草酸、丙炔氟草胺、恶二唑、快恶草酮、恶草酮、三唑啉酮、甲磺草胺、硫胺二唑、苯基吡唑、嘧啶二酮。

十三、类胡萝卜素生物合成植烯饱和酶抑制剂

邻二氮杂苯酮、氟草敏、吡啶羧基酰胺、吡氟酰草胺。

十四、4-羟基苯丙酮酸加双氧酶

吡草酮、苄草唑、磺草酮、异恶唑、恶唑草酮。

十五、干扰植物激素平衡的除草剂

苯氧羧酸、氯甲酰草胺、2,4-二氯苯氧乙酸（2,4-D）、2,4-滴丁酸（2,4-DB）、2,4-滴丙酸、二甲四氯乙硫脂、二甲四氯丁酸、

二甲四氯丙酸、苯甲酸、麦草畏、草芽畏、吡啶羧酸、二氯吡啶酸、氯氟吡氧乙酸、氨氯吡啶酸、三氯吡氧乙酸、喹啉羧酸、二氯喹啉酸。

第二节　光合色素合成酶抑制剂的毒理作用

光合色素包括叶绿素 a、叶绿素 b 和类胡萝卜素，这些色素存在于叶绿体内，主要完成光合作用中光能吸收和转化。当这些色素合成受到抑制，光合作用不能正常进行，同时这些色素和色素代谢的中间产物都是光敏化合物，当受光照时，这些光敏化合物由基态转变为激发态，在细胞内产生光动力损伤，最终导致杂草植株枯萎死亡。

一、八氢番茄红素脱氢酶（去饱和酶）抑制剂

（一）八氢番茄红素脱氢酶作用

在植物体内是合成类胡萝卜素的主要酶类。如 β – 胡萝卜素合成是以异戊烯焦磷酸为前体，分为七大步骤合成而来。参入合成的关键性酶有：八氢番茄红素合成酶、八氢番茄红素脱氢酶、Zeta– 胡萝卜素去饱和酶、番茄红素环化酶等。

（二）类胡萝卜素生理功能

1. 作为辅助色素捕获光能

当光照不足时，类胡萝卜素可捕获光能，捕获的光能能传递给叶绿素分子，使之进行光合作用。

2. 光敏反应的保护剂

当光照充足时，光可激发叶绿素分子形成活化状态，三线态的叶绿素可特异地与氧分子作用，转移能量给氧分子，使之形成单线态氧，单线态氧能氧化附近任何分子。此时的类胡萝卜素能

保护叶绿素免遭这种破坏过程。如类胡萝卜素含量降低或被其他化合物抑制（除草剂）就失去保护性功能，结果是氧化降解叶绿素，破坏光合膜，这样出现失绿，降低植物光合作用。同时细胞内的积累的单线态氧能迅速氧化细胞内生物分子和生物膜，造成脂质过氧化，细胞结构破坏，植株枯黄死亡。因此，此类除草剂在使用过程中需要充足光照才能达到预期的效果。

二、原卟啉原氧化酶及其抑制剂

（一）原卟啉原氧化酶

卟啉代谢可合成血红素和叶绿素，代谢合成中两种共同的酶为原卟啉原氧化酶，随后的反应中由铁和镁络合酶催化，促使原卟啉原分别合成血红素和叶绿素。

（二）原卟啉原氧化酶在细胞中的分布

原核生物的原卟啉原氧化酶定位在介质和束缚在膜上，真核生物则严格地定位在线粒体内膜、叶绿体外被和类囊体膜和质膜上，分布的位置不同对抑制剂的敏感性也不同。一般情况下，定位在细胞器上的氧化酶比质膜上的氧化酶更敏感。

（三）酶促反应

原卟啉原氧化酶氧化连接吡啶环上的亚甲基团为次甲基团，使无光动力活性的原卟啉原IX底物去掉 6 个氢转变为一种红色高光敏的化合物原卟啉IX产物。由于原卟啉IX是一个光动力化合物，在正常情况下，生物合成的这种化合物贮存在细胞内的量是有限的，不会给自身造成为害。

（四）抑制剂及其毒理效应

1. 抑制剂的类型

（1）环状二苯醚，如除草醚、三氟羧草醚。

（2）非二苯醚类，如恶草酮。

（3）苯基杂环苯酰亚胺类，如戊氟草胺。

（4）O- 苯基氨基甲酸酯类和杂环羰基酰胺类。

该酶的抑制剂有数千种，这些抑制剂除部分具有抑制原卟啉原氧化酶外，还抑制乙酰 CoA 羧化酶和八氢番茄红素去饱和酶的作用。

2. 毒理效应

原卟啉原氧化酶抑制剂是属于过氧化除草剂，它可以引起膜质过氧化。在用该酶抑制剂处理的植物，细胞内可迅速积累原卟啉原IX，1 小时后可检测到原卟啉IX，红光可促进它的积累。质体原卟啉原氧化酶被抑制后，酶底物原卟啉原IX从质体内渗漏到细胞质中，质膜上的过氧化酶能迅速将它转化为原卟啉IX，在有光的条件下，可引起光动力损伤。

原卟啉IX是一种强烈的光敏色素，在光诱导下产生单线态氧，单线态氧可氧化膜脂过氧化，产生乙烷和丙二醛。乙烷和丙二醛可作为光诱导的氧自由基过氧化作用的膜脂过氧化的标志物。在形态上，质膜结构被破坏，叶绿体膨胀，细胞质中出现空泡。线粒体密度急剧下降。

处理后叶形成杯状，几小时内叶片呈现水泡样斑点，由绿变黄到黑，24 小时内蔫萎和干枯并死亡。

由于高等动物的血红素和植物叶绿素具有一段相同代谢合成途径，原卟啉原氧化酶的抑制剂可引起人的原卟啉代谢紊乱。哺乳动物的线粒体对原卟啉原氧化酶的抑制剂相当敏感，接触后可提高肝、脾的粪卟啉的含量。对于卟啉代谢遗传缺陷病—杂质斑卟啉症患者具有更强的毒性，因此，在施用此类除草剂时，注意采用一定的防范措施。

第三节　蛋白质、氨基酸合成代谢酶类抑制剂及分子毒理

一、5- 烯醇丙酮酸莽草酸 -3- 磷酸合成酶及其抑制剂

（一）5- 烯醇丙酮酸莽草酸 -3- 磷酸合成酶

5-烯醇丙酮酸莽草酸-3-磷酸合成酶（EPSP）为莽草酸途径芳基生物合成的一种酶，存在于植物、微生物中，动物中缺乏这种代谢途径。动物从食物中获取芳香基化合物，如芳香氨基酸中的：苯丙氨酸、酪氨酸、色氨酸。

莽草酸途径的意义：在植物中合成苯丙氨酸、酪氨酸、色氨酸，并由这些氨基酸的衍生次级产物包括生长素，植物抗毒素、生氰糖苷、维生素叶酸、木质素和质体醌的前体，合成类胡萝卜素的原料和上百种类黄酮、苯酚和生物碱等。

酶催化反应大致过程：

（1）磷酸烯醇式丙酮 C_2 亲核攻击莽草酸 -3- 磷酸（S_3P）的 5-OH，形成四面体中间体。

（2）中间体可重新结合成酶。

（3）催化 EPSP 的形成。

（二）EPSP 合成酶抑制剂

EPSP 合成酶抑制剂为该酶的代谢类似物，如磷酸烯醇式丙酮酸（PEP）类似物、S_3P 类似物、EPSP 类似物、芳香基类似物、四面体中间体类似物、丙二酸酯等排物和草甘膦类似物。以上抑制剂，只有草甘膦开发为除草剂，其他的仅为抑制剂。

（三）除草毒理

草甘膦为 PEP 的氧碳鎓离子形式的过渡态类似物，在叶绿体

内与 S_3P 结合形成复合物，类似于四面体的中间体结构。研究发现，草甘膦与 S_3P 的亲和力比 PEP 与 S_3P 的亲和力高出 4 000 倍，因此酶不能转化形成 EPSP。也有研究表明，草甘膦和 EPSP 都能结合到 EPSP 合成酶，形成二元复合体。

杂草致死的原因可归纳为以下几方面。

（1）芳香氨基酸的耗尽，蛋白质合成中断。

（2）生长素合成前体的耗尽，造成生长与发育的失衡。

（3）醌合成的前体耗尽，造成类胡萝卜素的失衡。

（4）次生代谢产物的前体耗尽，造成木质素、黄酮类、苯酚类和植物毒素减少。

（5）受抑制后莽草酸积累。

草甘膦灭生性内传导性除草剂，施用早期出现蔫萎，接着全株腐烂死亡。

二、乙酰羟酸合成酶（AHAS）及其抑制剂

（一）乙酰羟酸合成酶

乙酰羟酸合成酶是由细胞核编码的存在于叶绿体内的酶。

乙酰羟酸合成酶完成两反应，即：①乙酰羟酸合成酶浓缩两分子的丙酮酸产生乙酰乳酸，称之为乙酰乳酸合成酶在这个反应中产生缬氨酸和亮氨酸。②乙酰羟酸合成酶利用一分子丙酮酸和一分子 2- 丁酮酸，合成乙酰羟丁酸。此酶称为乙酰羟酸合成酶。反应的终产物为异亮氨酸。

缬氨酸、亮氨酸和异亮氨酸为支链氨基酸，对于动物来说为必需氨基酸。

乙酰羟酸合成酶存在于植物体所有部位，但它的活性在不同的植物、不同的器官、不同的发育阶段是不同的，一般在植物的

分生组织中活性较高，而衰老的组织、黄化的部分活性降低。

（二）乙酰羟酸合成酶抑制剂

乙酰羟酸合成酶抑制剂包括：①磺酰脲类。②磺酰胺类。③咪唑啉酮类。④三唑嘧啶类。⑤其他，如磺酰亚胺三氮杂唑类、N-闭合-缬氨酰替苯胺、嘧啶扁桃酸取代磺酰肼等。

咪唑啉酮是 AHAS 非竞争性抑制剂，它紧密地结合到酶-丙酮酸复合体上。

磺酰脲为竞争性抑制剂，它结合到酶与丙酮酸或 2-丁酮酸的位点。第 1 个丙酮酸与 AHAS 结合后，第 2 个丙酮酸与嘧磺隆竞争。而咪唑啉酮与磺酰脲在酶的结合上有重叠的结合位点。

（三）植物毒性与生物效应

1. 支链氨基酸合成中止

支链氨基酸合成中止，包括缬氨酸、亮氨酸和异亮氨酸，进而影响蛋白质合成及植物发育受阻，还引起一系列生理生化变化。

2. 积累 a-丁酮酸和 a-氨酮酸

用氯磺隆处理的植物，在体内积累 a-氨酮酸达 250 倍。a-氨酮酸是 a-丁酮酸的转氨产物。a-氨酮酸的积累可干扰根尖细胞分裂，毒害机体，最终死亡。

3. 其他的生理效应

包括抑制光合产物的运转，引起花色素的积累，抑制离子吸收，抑制或刺激乙烯合成，抑制呼吸作用，抑制 DNA 的合成等。

4. 需要注意的问题

（1）磺酰脲类和咪唑啉酮类除草剂为超高效除草剂，使用时一定注意施用的浓度。

（2）磺酰脲类除草剂结构相当稳定，在环境中不易降解，残留时间长，注意后茬不要种植敏感作物。

（3）由于作用点单一，杂草极易产生抗性。抗性速度是各类除草剂之首。

第四节　生长素及生长素类除草剂的作用机理

生长素类除草剂是干扰植物激素平衡的除草剂，使植物的代谢受到影响，阻碍植物生长和发育，其中最具代表性的品种是2,4-D。2,4-D与生长素具有相同的生理功能，在植物细胞培养、形态建成等领域研究中，是不可缺少的工具。作为大田用除草主要防治阔叶型杂草，单子叶禾本科杂草对其不敏感。同时，生长素类除草剂具有剂量效应，低浓度时具促进生长作用，高浓度时具抑制生长作用。

一、生长素

吲哚乙酸（IAA）是植物体内的一种内源激素。它的生理效应有：细胞伸长、细胞分裂、细胞分化、生根、向性反应、叶面感知、细胞和器官极性和伤口愈合反应等。生长素由色氨素合成而来，经色氨酸侧链脱胺和脱羧合成而来。合成IAA后，为了避免IAA氧化酶的作用，在合成处与糖、氨基酸和肌醇轭合，这种轭合体由合成源运转到使用处，再通过IAA氧化酶的同工酶氧化、解轭合，产生IAA，发挥生理效应。

二、生理作用

（一）细胞对生长素的感应

生长素作为第一信使，可与膜上受体结合，然后才能启动一系列的生理反应。已发现生长素有3个受体即：①内质网上的结合受体。②液泡膜上结合受体。③质膜上的结合受体。生长素与质膜受体结合后，可诱导 H^+ 分泌，产生伸长效应。

（二）信号转移与生理效应

1. 信号转移

生长素诱发的分子事件中包括细胞壁的酸化和基因的表达。在这些反应中，生长素为第一信使，可能还与第二信使作用有关。信号传递到调节蛋白并与其相互作用，表现为蛋白质磷酸化、蛋白激酶活化、钙调蛋白活化、磷酸肌醇代谢、pH 改变、氧化还原反应、膜脂和蛋白甲基化等。生长素还可结合到细胞内的受体，结合受体可与染色体结合，诱导基因表达。

2. 生理效应

包括细胞伸长、基因表达、乙烯的生物合成。

（三）酸生长理论

（1）原生质膜上存在着非活化的质子泵（H^+–ATP 酶），生长素与泵蛋白结合后使其活化。

（2）活化了的质子泵消耗能量将细胞内的 H^+ 泵到细胞壁中，导致细胞壁基质溶液的 pH 下降。

（3）在酸性条件下，H^+ 一方面使细胞壁中对酸不稳定的键（如氢键）断裂，另一方面（也是主要的方面）使细胞壁中的某些多糖水解酶（如纤维素酶）活化或增加，从而使连接木葡聚糖与纤维素微纤丝之间的键断裂，细胞壁松弛。

（4）细胞壁松弛后，细胞的压力势下降，导致细胞的水势下，细胞吸水，体积增大而发生不可逆增长。

三、生长素类除草剂

（一）生长素类除草剂种类

生长素类除草剂有：①苯基羧酸类。②苯甲酸类。③嘧啶羧酸类。④芳香羧甲基衍生物。⑤喹啉羧酸类。这些除草剂如同天然生长素一样，高浓度时可抑制植物的生长，达到除草的目的。

（二）生长素过量与植物生长异常反应

高浓度生长素引起植物的生长抑制可分为 3 个反应阶段。

（1）刺激性反应阶段。施用后几小时内，刺激植物代谢活化，通过芽感应合成 1- 氨基环丙烷 -1- 羧酸（ACC）。ACC 又刺激乙烯的生物合成，3 ~ 4 小时后，在芽组织中可测得脱落酸，并不断积累。

（2）抑制生长阶段。随后根的生长和芽的伸长受抑制、节间生长均减慢，叶面积减少，但增强绿叶色素的沉淀、气孔关闭，碳同化淀粉形成量下降，且活性氧产生量过剩。

（3）衰老阶段。衰老的表现，叶绿体受损、叶片萎黄加速，膜和维管组织完整性受损，导致萎黄、坏死最终植株死亡。

（三）生长素类除草剂作用机理

（1）与生长素结合蛋白1（ABP1）结合，激活生长素反应因子基因（ARFs）表达生长素反应因子基因在正常情况下是受阻遏蛋白控制的，当IAA或生长素类除草剂在植体内的浓度超过最适浓度时，生长素就会与植物细胞内的生长素受体（T1R1/AFB）结合，其中T1R1为转运阻遏蛋白1。为了解除阻遏蛋白1对ARFs基因表达束缚，生长素及生长素除草剂等均与一种SKp1-Cullin-F-box蛋白（SCF）E3泛素连接酶的识别组分偶联，与T1R1捆绑后，阻遏蛋白降解，生长素反应因子ARFs的DNA抑制解除，ARFs基因得以表达。

（2）ARFs激活生长素对应基因的转录，植物产生毒性反应。解除生长素反应抑制因子后，表达产生的生长素反应因子激活乙烯合成的1-氨基环丙烷-1-羧酸（ACC）合成酶和脱落酸（ABA）生物合成的9-顺式环氧类胡萝卜双氧酶（NCED）基因，并使之过度表达并产生乙烯和脱落酸。乙烯引起叶的向下弯曲，同时乙烯又刺激NCED基因转录，导致ABA持续上升。ABA能引起气孔关闭，限制蒸腾作用和碳同化。且活性氧（ROS）产生过剩。ABA和乙烯及ROS的多重作用，促使膜脂质过氧化，加速叶衰老和叶绿体损伤、生长受抑制、植株腐烂最终死亡。而且二氯喹啉酸还刺激乙烯生物合成组织中氰化物的积累，加深中毒症状的发生。

FIVE

第五章

保育湿地植物群落及
防治措施

湿地浆草植物的接官争图谱

　　烟草药害是烟区常有发生的，因不能正确使用农药，特别是化学除草剂所造成的烟草伤害的一种现象。药害症状多种多样，常见有枯萎、斑点、生长抑制、畸形生长等，轻度药害可通过一定的方法得以校正，严重的则影响烟草的产量和品质。药害的发生常常是因为不按农药使用说明操作，乱施滥用，盲目加大使用剂量和乱混滥配引起的。为了减少烟草药害的发生，最重要的措施在于提高烟农科学使用农药的水平，同时识别不同农药造成烟草的药害症状以利于辨别和防范。本章主要介绍常用的几种除草剂对烟草药害反应及药害防范措施和治理方案，减少药害的发生，保障大田烟草安全性生长。

第一节　植物药害的识别

　　在大田如何分辨病害和药害是有一定难度的，药害、病害和缺营养素的症状有许多相似的地方，如病害中普遍存在的叶枯、叶斑、褪色等症状在药害、缺营养素中都有所表现，那么如何加以区别呢?

一、症状区别

　　病害由生物引起，它具有传染性或侵染性。病原为真菌、细菌、病毒、线虫等。如为细菌性病害，则在侵染处可见混浊近白色黏状物即细菌脓。真菌病原的种类也很多，但有共同的受害症状，即侵染部位有菌丝和孢子，出现白色棉絮状物、丝状物、粉状物、雾状物或颗粒状物。病原病毒受害区别，相对真菌、细菌引起的症状区分有一定难度，表现为：①产生花叶、斑点、环斑、脉带和黄化等。②坏死，枯黄色至褐色，有时出现凹陷等。③畸形，茎间缩短，植株矮化，生长点异常分化形成丛枝或丛簇，叶片的局部细胞变形出现疱斑、卷曲、蕨叶及黄化等。除了肉眼或经验分辨外，还要借助显微镜、电镜、血清学和分子鉴定才能完成。但在大田症状分析，凡由生物病原引起的病害，必有一个和多个发病中心，症状表现不是均匀一致。

药害是施用农药不当或环境中如土壤和水体中残留有农药引起的，局部发生主要是施药的问题，而土壤和水体残留农药，那么田间植株反应症状整体趋于一致，不会出现细菌脓絮状物、丝状物、粉状物、雾状物或颗粒状物，可采用不同的残留分析方法明确残留何物。

二、各类除草剂药害症状

一般药害较病害症状表现快，无病原物出现。

（一）苯氧羧酸类

2,4-D、二甲四氯、2,4-滴丁酯等。

症状：叶、花、穗畸形。叶片厚，浓绿，卷曲，鸡爪状或葱管状；茎脆，易断，茎基肿大；根短粗，无根毛，植株矮小；严重时停止生长，皮层开裂，落花、落果，最后死亡。

（二）芳氧苯氧丙酸类

稳杀得、禾草克、盖草能、威霸、骠马。

症状：植株畸形，生长点变黄褐色，心叶紫色或黄色，禾本科作物整株枯萎死亡。

（三）二苯醚类

草枯醚、杂草焚、虎威。

症状：叶片产生褐色坏死斑，严重时叶畸形，枯焦，无新叶。

（四）酰胺类

拉索、都尔、敌稗、丁草胺。

症状：轻时叶黄，重时叶出现斑点，卷曲皱缩，最后枯死。

（五）氨基甲酸酯类

杀草丹、灭草猛、燕麦畏。

症状：叶卷曲，分蘖多，茎基、新根粗短，植株矮小。

（六）取代脲类、三氮苯类

绿麦隆、扑草净、西玛津等。

症状：缺绿症，心叶和叶尖开始发黄，似火烧，植株矮，生长慢。

（七）杂环类

百草枯、草甘膦、豆科威、恶草灵。

症状：叶变色，枯黄，腐烂，最后植株枯死。

草甘膦致烟草大田和单株药害

三、不同除草剂对烟草药害症状特征

（一）二氯喹啉酸

二氯喹啉酸是防除稻田稗草的特效选择性除草剂，属激素型喹啉羧酸类除草剂，当亩用13.5 ~ 26克有效成分时，可有效防治稻田稗草。由于其化学结构稳定，不易在环境中降解，可在土壤中产生积累残留，特别是酸性土壤。茄科的烟草、马铃薯、辣椒等，伞形花科的胡萝卜、芹菜，藜科的菠菜、甜菜，锦葵科的棉花，葫芦科的各种瓜类，豆科，菊科，旋花科等作物对该除草剂敏感，后茬种植这些作物极易产生药害。

土壤残留二氯喹啉酸致后茬烟草大田和单株药害症状

（二）苄嘧·甲磺隆

苄嘧·甲磺隆为混剂，用10%可湿性粉剂，按推荐药量50克/亩，与适量细土或沙混合后均匀撒施试验土壤。不同时间观察烟草药害症状：处理4天后，叶片叶色明显褪色，植株矮小，叶片卷曲；8天后植株枯萎死亡。

苄嘧·甲磺隆致烟草药害动态图（分别为 0 天、2 天、
4 天、8 天、18 天的药害症状）

（三）草甘膦铵盐

33% 草甘膦铵盐水剂，活性成分为草甘膦。采用 250 ～ 500
毫升 / 亩剂量，对水喷雾。不同时间观察烟草药害发生的情况：
处理第二天烟株叶片出现萎蔫，随后下部叶出现枯黄；18 天全株
枯黄死亡。

草甘膦致烟草药害动态图（分别为 0 天、2 天、
4 天、8 天、18 天的药害症状）

（四）丁草胺

移栽烟草前按每亩 60% 丁草胺乳油 150 克，对水 50 千克，均匀喷雾处理土壤。移栽烟草幼苗后不同时间调查烟草药害症状：处理 4 天后少数叶褪色；8 天后大部分叶片出现黄斑；18 天后黄斑连片，整株植株将死亡。

丁草胺致烟草药害动态图（分别为 0 天、2 天、
4 天、8 天、18 天的药害症状）

（五）氟节胺

氟节胺为接触兼局部内吸性植物生长延缓剂即抑制烟草侧芽生长，采用 12% 氟节胺乳油，剂量为 2 毫升 / 亩，对水稀释 300 ~ 500 倍喷雾幼苗。不同时间调查烟草药害症状：处理 18 天后幼苗叶色变绿，上部叶片向内折叠，叶色变浓。

氟节胺致烟草药害动态图（分别为0天、2天、
4天、8天、18天的药害症状）

（六）精喹乳氟禾

精喹乳氟禾为混剂，采用11.8%精喹乳氟禾乳油制剂，30～40
毫升/亩，对水50千克喷雾烟草幼苗。不同时间观察幼苗药害情
况：处理第二天叶片出现少量的黄斑，随着时间的延长，黄色色
斑连为一片，并且烟株逐渐枯萎；18天后整株烟草枯黄死亡。

精喹乳氟禾致烟草药害动态图（分别为0天、2天、
4天、8天、18天的药害症状）

（七）喹禾灵

喹禾灵是一种内吸性高效选择性苗后除草剂，可有效防除一年生及多年生禾本科杂草。采用 10% 喹禾灵乳油 60 毫升 / 亩，对水 35 千克喷雾幼苗。不同时间观察烟草幼苗药害发生的情况：处理 8 天后烟株叶片出现少量黄色斑，但 18 天后烟株叶片出现较多的黄色斑点。

喹禾灵致烟草药害动态图（分别为 0 天、2 天、
4 天、8 天、18 天的药害症状）

（八）灭草松

灭草松是一种具选择性的触杀型苗后除草剂，用于杂草苗期茎叶处理，主要用于防除阔叶杂草和莎草科杂草。采用 48% 灭草松水剂，亩用有效成分 60 克，对水 35 千克，喷叶处理。不同时间观察烟株药害发生情况：处理 8 天后，烟株叶片出现少量斑点；18 天后全株失绿。

灭草松致烟草药害动态图（分别为 0 天、2 天、
4 天、8 天、18 天的药害症状）

（九）农达

农达即草甘膦，是一种非选择性内吸传导型茎叶处理除草剂。每亩用41%农达250毫升，对水25千克喷雾处理烟苗。不同时间观察烟苗药害状况：处理4天后，烟苗部分叶色失绿、新叶变形；8天全株蔫萎死亡。

农达致烟草药害动态图（分别为 0 天、2 天、
4 天、8 天、18 天的药害症状）

（十）异丙甲草胺

异丙甲草胺属于选择性芽前除草剂，防治一年生杂草和某些阔叶杂草，在出芽前作土面处理。每亩用 50% 甲草胺草胺乳油 100 ～ 150 毫升，加水 30 ～ 50 千克喷雾于土表。不同时间观察烟苗药害状况：处理 2 天后叶面出现少数黄斑，随着时间延长，斑点增多；18 天后可见整片叶枯黄蔫萎死亡。

异丙甲草胺致烟草药害动态图（分别为 0 天、2 天、4 天、8 天、18 天的药害症状）

第二节　药害治理

一、除草剂的正确使用

采用正确施用方法施药，是克服药害发生的最为重要的措施。

（一）注意轮作与间作时敏感性问题

除草剂分为灭生性除草剂与选择性除草剂。在施用灭生性除草剂时，一定采用定向施药的方式，避免有风时扩散到其他作物田。另一些长效除草剂或高残留除草剂，如苯氧羧酸类、三氮苯类、磺酰脲类，当施用这些类型除草剂，一定考虑后茬不要种植对上述除草剂敏感的作物。

（二）注意作物对农药的敏感时期

杂草和作物对化学除草剂都存在敏感期，如水稻田专用除草剂，苄嘧磺隆、二氯喹啉酸对水稻田莎草科杂草、稗草有特效，但对水稻安全。如水稻移栽后接着施用苄嘧磺隆、二氯喹啉酸等除草剂，由于此时的水稻对这些药剂处于敏感期，因此容易产生药害。当返青、分蘖后水稻具有耐药性后施药就安全了。

（三）严格掌握除草剂用量和浓度

要达到最佳的防除杂草效果，又要减少作物药害发生，把握好药物施用的浓度是极其重要的环节。有些农民担心草防不了，就随意加大剂量和施用次数，结果达不到预期效果，反而还会造成作物药害、农产品残留和环境污染等问题出现。

（四）禁止乱混滥用农药

农药乱混乱配在基层常有发生，有的烟农急于求成，无原则地将多种农药混在一起，一次性施药完成杀虫、杀菌的目的。结果是凡施药烟草地块，烟草全出现黄萎现象。因此，乱混乱配，不按科学的方法混配，必将出现相反的结果。

二、克服药害的措施

（一）排毒

（1）当用药量大时，应立即排掉田间灌溉水，数次用新水冲灌，并施入石灰等中和酸性除草剂。

（2）若植株上除草剂多时，可用喷灌机械水淋洗，减少粘在叶上的除草剂。

（3）当田块局部发生药害时，先放水冲洗、耕耘，后补苗，再增施速效化肥。

（4）若田块中毒严重，地块应暴晒，淋洗后深翻，无影响后再种植，否则再冲灌，或栽种少量敏感作物，观察 10 ~ 15 天。

（二）加强田间管理

（1）药害轻时，及时打顶或摘除受害部分，增施速效肥，并合理灌溉。

（2）严重时，翻耕土地，补种或改种；对禾本科发现筒状叶时，可多施分蘖肥和有机质肥，还可用稀氨水或 1% 石灰水喷施，并喷激素类农药。

（三）应用安全剂（解毒剂）

除草安全剂又称解毒剂或保护剂，是专用于保护作物免受除草剂药害、消除除草剂在土壤中的残留毒性的化学试剂和含生物酶制剂的除草剂安全添加剂。它的作用机制：①安全剂可降低除草剂的吸收或传导发挥解毒作用。②有的安全剂与除草剂结构相似，将会导致两者间在活性吸收位点处竞争，安全剂势必影响除草剂与靶标的相互作用。③安全剂对除草剂代谢的影响，如干扰植物对除草剂的代谢增毒和解毒作用。表 5-1 是几种除草剂对应的安全剂品种。

表 5-1　几种除草安全剂品种

安全剂	化学结构	保护作物	解毒的除草剂
萘二甲酐 NA，protect		玉米、高粱	氨基甲酸酯类、氯代乙酰胺类、咪唑乙烟酸、咪唑喹啉酸
dichlormid （R−25788）		玉米	硫代氨基甲酸酯类、氯代乙酰胺类、均三氮苯类、绿磺隆

续表

安全剂	化学结构	保护作物	解毒的除草剂
氟喃解草唑 （furilazole）		玉米	磺酰脲类、NC-319
Mg-191		玉米	硫代氨基甲酸酯类、乙草胺
cyometrinil （Cga-43089）		高粱	异丙甲草胺
Fenclorim （Cga-123407）		水稻	丙草胺
解草唑 fenclorazole-Ethyl		小麦	恶唑禾草灵

用活性炭包覆种子或蘸根、蘸茎，或均匀撒于土表，可防西玛津对大豆、小麦产生药害；萘二甲酐可防止丙草丹等硫化氨基甲酸酯类对玉米的药害；解草啶可解除丙草胺对水稻幼苗的毒害作用。

SIX

第六章　除草剂残留与检测

烟田杂草绿色防控原色图鉴

　　烟稻轮作是我国烟区主要种植模式。据初步统计，我国烟草种植面积为1 600万亩左右。烟区主要分布于南方各省区，约占植烟总面积的94%。烟区种植模式主要有：旱地以烟草与玉米（或其他作物）轮作，水田以烟草与水稻轮作。广东烟区主要分布在粤东和粤北，种植方式仍以水稻与烟草轮作为主。

　　水稻生长期需用一定量的除草剂防治多种杂草，目前已知可用于水稻田的除草剂达35种，其中有些品种如激素型的二氯喹啉酸、2,4-滴丁酯、二甲四氯钠，磺酰脲类的苄嘧磺隆、乙氧磺隆和醚磺隆等已在南方各省区广泛使用。由于这类除草剂结构稳定，在环境中不易降解，主要残留在土壤中，同时烟草对这些除草剂极度敏感，极易产生药害或导致畸形生长。由于烟农科学文化水平不高，乱用除草剂的现象时有发生，最近10多年在我国南方多省区烟区相继出现后茬烟草药害或畸形生长现象，给我国主要烟区烟叶产量和品质带来局部的或是全局性的影响。

土壤残留二氯喹啉酸致烟草畸形生长

误用草甘膦致烟草药害

为了避免南方 50% 左右烟区因环境中残留除草剂等农药导致烟草畸形生长现象的大面积发生，课题组已开展了广东、湖南、江西和贵州烟草畸形生长的原因分析，查明了大田畸形与土壤残留二氯喹啉酸有关。目前，需进一步深入调查烟区除草剂的使用情况，烟草受害症状和程度分析，特别是加强田间试验常用高残留除草剂的消解动态，测定水稻田常用除草剂的残留对烟草致害的土壤残留临界浓度和安全种植烟草的间隔期。在这些研究的基础上，制定稻烟轮作区科学合理使用化学除草剂策略，确保我国烟草业可持续和绿色发展。

另外，由于化学农药的广泛使用，农药残留问题不可避免发生，除了大力宣传和普及科学合理使用农药技术外，还需建立一系列监控机制和对发生和未发生残留的土壤、水体和作物本身进行时适监控，查找致害原因，为农药残留治理提供科学的依据。

第一节　二氯喹啉酸、苄嘧磺隆和二甲四氯钠 在土壤中的残留动态分析

一、二氯喹啉酸

二氯喹啉酸土壤残留检测方法有许多，主要有化学分析法和生物测定法，考虑测定的精准度，一般选择化学分析法，即高效液相色谱法。

二、苄嘧磺隆

苄嘧磺隆（农得时）为稻田防除 1 年生及多年生阔叶杂草和莎草的主要除草剂。由于此类除草剂属超高效活性和结构相当稳定的除草剂，施用后极易残留在土壤中和水中，对后茬作物，特别对烟草造成严重药害。因此，加强苄嘧磺隆土壤和水体残留动态监测对于合理种植作物种类，减少残留药害损失是必要的。

三、二甲四氯钠

二甲四氯钠（MCPA-Na）为苯氧乙酸类选择性内吸传导激素型除草剂，水稻田可防除大部分莎草科杂草及阔叶杂草。由于其结构稳定，难于在环境中降解，常残留在土壤中。因此，对后茬烟草等作物产生药害反应。

第二节　几种高残留除草剂多残留快速检测

一、5 种除草剂土壤多残留检测方法的建立

（一）试验除草剂

5 种除草剂为二氯喹啉酸、苄嘧磺隆、甲磺隆、莠去津、扑草净。

（二）样品采集与前处理

土壤样品采集烟田的耕作层土壤，采样后室温自然风干、研磨按常规方法处理。

（三）高效液相色谱条件

（1）色谱柱。Agilent TC-C18 柱（5 微米，4.6 毫米 ×250 毫米）。

（2）流速。1 毫升 / 分钟；检测波长：230 纳米；进样体积：20 微升；流动相：流动相为 A- 乙腈，B- 甲醇，C- 水（pH=3）。

（四）线性范围、回归方程、重现性、检测限和定量限

准确称取过 250 微米筛的干燥空白土壤样品 10 克，置于 50 毫升离心管中，加入适量的混合标准溶液经混匀后室温晾干，制备一系列浓度分别为 10.0 纳克 / 克、20.0 纳克 / 克、50.0 纳克 / 克、100.0 纳克 / 克、200.0 纳克 / 克和 300.0 纳克 / 克的工作样品，以绘制工作曲线。

每一个浓度做5次重复。线性范围LR，相关系数r，相对标准偏差RSD，检出限LOD（S/N=3）和定量限LOQ（S/N=10）见表6-1。5种除草剂在10.0~300.0纳克/克的浓度范围内线性关系良好，相关系数在0.997 1 ~ 0.998 5，检出限LOD（S/N=3）和定量限LOQ（S/N=10）分别为1.5 ~ 3.1纳克/克和5.0 ~ 10.0纳克/克。此外，在最优试验条件下，对10.0纳克/克和60.0纳克/克的土壤样品分别进行了5次重复测定，重现性用相对标准偏差（RSD）表示，其数值在 4.3% ~ 6.7%。

（五）5 种除草剂的色谱分离效果

5 种除草剂，分离效果好，出峰时在 15 ~ 20 分钟。

表 6-1 方法的线性范围、回归方程、检出限

目标化合物	线性回归方程	相关系数	线性范围 /（毫克·升⁻¹）	检出限 /（毫克·升⁻¹）	定量限 /（毫克·升⁻¹）
二氯喹啉酸	$Y = 164.64X + 11.851$	0.998 8	0.05 ~ 5	0.018	0.060
甲磺隆	$Y = 127.92X - 0.113\ 2$	0.999 9	0.05 ~ 5	0.026	0.086
扑草净	$Y = 140.78X + 5.210\ 8$	0.999 9	0.05 ~ 5	0.019	0.065
莠去津	$Y = 81.043X + 0.038\ 6$	0.999 9	0.05 ~ 5	0.031	0.10
苄嘧磺隆	$Y = 100.79X - 0.042\ 6$	0.999 9	0.05 ~ 5	0.030	0.10

二、土壤样品分析

为了验证所建立的方法的可行性，将此方法用于土壤中 5 种除草剂的测定，结果在湖南宁乡烟田土壤中检测出了二氯喹啉酸，且其残留量为 9.3 纳克 / 克，而在广东南雄和江西宜黄土壤中并未检测出此 5 种除草剂的残留。同时，为了进一步考查所建方法的精密度和重现性，3 个地区土壤样品分别加标 20 纳克 / 克和 100 纳克 / 克，并且对每个加标浓度进行 5 次重复测定。5 种除草剂的平均回收率在 71.5% ~ 94.3%，变异系数在 3.3% ~ 6.7%，实验数据表明此方法可用于实际土壤中 5 种除草剂的测定。

SEVEN

第七章 杂草抗除草剂及其抗性治理

烟田杂草绿色防控原色图鉴

随着除草剂的持续使用，杂草对除草剂抗性问题成为植物保护领域不可回避的问题。由于抗性产生，在防控杂草时不得不加大使用剂量，使得部分地区甚至出现了"超级杂草"，同时也相继出现环境污染、农产品农药残留问题，且问题的严重性还在不断升级中。抗性杂草的出现，加大了农民进行农田杂草管理的难度，也增加了防除成本。烟田与其他作物田杂草一样，随着除草剂广泛和长期使用，杂草抗药性也与日俱增，这必将成为烟草业发展的棘手问题。为了延缓杂草抗性的发展，保障烟草业的可持续发展，我们必须充分了解抗性产生原理，实地考察杂草抗性水平，提出切实可行的治理方案和行动计划。

第一节　杂草对除草剂抗性发展概况

一、国外发展概况

1968 年发现抗三氮苯类除草剂的欧洲千里光反枝苋为第一种抗性生物型，而在三个国家发现抗乙酰乳酸合成酶抑制剂的反枝苋，被记载为第二种抗性生物型。

1970—1977 年，平均每年发现一种新的抗性杂草生物型。

1978—1983 年发现 33 种抗三氮苯类除草剂的杂草生物型。其他抗性杂草中抗三氮苯除草剂的杂草占抗性杂草总数的 67%，抗联吡啶类除草剂的杂草占 13%，抗合成生长激素型除草剂的杂草占 12%，抗其他作用方式除草剂的杂草占 8%。

1995—1996 年已有 124 种杂草对一种或一种以上的除草剂产生了抗性。

2012 年，抗性杂草种类由 5 种增加至 34 种，其中对磺酰脲类、

酰胺类和合成激素类产生抗性的杂草种类占 90%。

2016 年，在 65 个国家的 86 种作物田中，已有 249 种杂草的 467 个生物型对 25 类已知化学除草剂中的 22 类 160 种除草剂产生了抗药性。

二、国内发展现状

我国化学除草剂使用始于 20 世纪 50 年代，从 1956 年引进 2,4-D 开始至今除草剂应用已有 60 多年历史了。随着我国农业现代化的发展，目前农田的杂草防除基本上依赖于化学除草剂。据报道，我国已有 37 种杂草的 55 个生物型对 10 类 32 种化学除草剂产生了抗药性，抗性水平为 11 ~ 1 594 倍。

烟田杂草种类繁多，化学除草已是烟区普遍采用的方法。因此，烟田杂草对除草剂抗性应引起我们的高度重视，目前应系统地开展烟田杂草抗性的调查和研究，尽可能尽早采取有效的防范措施，延缓抗性发展速度，减轻抗性的压力。

第二节　杂草抗药性的形成与机理

一、杂草对除草剂抗药性的形成

（一）选择学说

在除草剂的选择压力下，自然群体中一些耐药性个体或具有抗药性的遗传变异类型被保留，并繁殖而逐步发展成抗药性的群体。

（二）诱导学说

由于除草剂的诱导作用，使杂草体内基因发生突变或基因表达发生改变，从而提高了对除草剂解毒能力或使除草剂与作用位点的亲和能力下降，而产生抗药性的突变体。然后在除草剂的选择压力下，抗药性个体逐步增加，而发展成为抗药性生物型群体。

二、杂草抗药性的机理

（一）除草剂作用位点的改变

除草剂作用位点的基因变异或靶标酶的过量表达。靶标位点的改变，使得除草剂与靶标亲和力降低，或不能亲和。

1. 磺酰脲类和咪唑酮类

磺酰脲类和咪唑酮类的作用位点是乙酰乳酸合成酶（ALS）。抗性与敏感生物型的 ALS 相比，有几种不同位点的氨基酸已发生取代，改变后的 ALS 对上述除草剂敏感性下降。

122 位：丙氯酸→缬氨酸

197 位：脯氨酸→组氨酸或苏氨酸、精氨酸、亮氨酸、异亮氨酸、丝氨酸、丙氨酸或谷氨酰胺

205 位：丙氨酸→缬氨酸

574 位：色氨酸→亮氨酸

653 位：丝氨酸→苏氨酸、天门冬氨酸

376 位：天门冬氨酸→谷氨酸

377 位：精氨酸

2. 乙酰辅酶 A 羧化酶（ACCaes）

1781 位：异亮氨酸→亮氨酸

1999 位：色氨酸→半胱氨酸

2027 位：色氨酸→半胱氨酸

2041 位：异亮氨酸→天门冬氨酸、缬氨酸

2078 位：天冬氨酸→甘氨酸

2088 位：半胱氨酸→精氨酸

2096 位：甘氨酸→丙氨酸

3. 5- 烯醇式丙酮酰莽草酸 -3- 磷酸合成酶

106 位：脯氨酸→丝氨酸、苏氨酸

301 位：脯氨酸→丝氨酸

4. 三氮苯类

抗性的叶绿素 PsbA 基因位点突变有关。PsbA 基因编码的除草剂结合位点为光系统 Ⅱ 的 D-1（32KD）蛋白。抗药性突变都涉及 D-1 蛋白第 264 位点上一个氨基酸的取代，造成这类除草剂与该蛋白的亲和性下降。

5. 二硝基苯胺类

抗性的牛筋草，存在一种新型的 β- 微管蛋白，这种新型微管蛋白组成的微管稳定性增加，是引起牛筋草对这类除草剂产生抗性的重要原因之一。

（二）对除草剂解毒能力的提高

1. 氧化代谢

植物体内除草剂的氧化，主要形式为羟基化和N-脱烷基作用，如 2,4-D 在禾本科杂草和阔叶植物中芳基羟基化作用，形成 4- 羟基 -2,4-D，又如灭草隆的 N- 脱烷基作用等。

2. 轭合作用

除草剂及其初级代谢产物以共价键轭合到植物体内的糖、氨基酸、谷胱甘肽及亲脂化合物如脂肪酸和甘油等，从而失去活性。一般说，轭合作用增强了除草剂及其代谢物的极性，是除草剂解毒作用的一个主要机理。

马唐、秋稷和毛钱稷等禾本科杂草对阿特拉津的抗药性是由于与谷胱甘肽的轭合作用的加强，提高了对除草剂的解毒能力。

3. 其他解毒代谢作用

在野塘蒿对百草枯抗性生物型的叶绿体中，发现对该除草剂产生的氧自由基有解毒作用的酶的活性增加了，其中过氧化物歧化酶、抗坏血酸过氧化物酶和谷胱甘肽还原酶在抗药性生物型叶绿体中分别比敏感型的增加了 1.6 倍、2.5 倍和 2.9 倍。在小蓬草对百草枯抗性生物型中，也观察到解毒酶活性的增加。

三、屏蔽作用或隔离作用

在一些抗药性生物型中，发现百草枯的移动受到了限制，并且叶绿体的功能如 CO_2 固定和叶绿素荧光猝火可以迅速恢复，说明除草剂在其作用位点的结合可能被阻止。

第三节　杂草抗药性的综合治理

一、基本原理

在一个地区使用某一种或某一类除草剂时，由于除草剂的选择作用，该地杂草群体中抗药性杂草生物型的比例会逐渐上升，当交替轮换使用另一种（类）除草剂时，利用抗药性杂草生物型的适合度通常低于敏感杂草生物型的不利因素，可使群体中稍有上升的抗性杂草生物型恢复到用药以前的水平。需要注意的是，交替轮换的除草剂间不应存在交互抗性。

二、除草剂混用

使用按一定比例混配的除草剂混用，可明显降低抗药性杂草生物型的发生频率，以延缓或阻止抗性的发展，同时可扩大杂草范围、增强药效、提高作物的安全性及降低对后茬作物的影响。需要注意的是，避免使用具有交互抗性和作用位点相同除草剂进行混用，除草剂混用具有产生多抗性风险。

三、限制使用

对用药量采取限制，即在阈值水平上最佳使用除草剂，降低除草剂用量，有意识地保留一些田间杂草和田边杂草，可以使敏感杂草和抗性杂草产生竞争，通过生态适应、种子繁殖、传粉等方式形成基因流动，以降低抗药性杂草种群的比例。

四、农业防治、生物防治及其他防治措施

（一）农业防治

农业防治主要包括作物轮作、耕翻、放牧、焚烧及休耕等。

（二）生物防治

利用杂草的天敌——昆虫、病原微生物、病毒和线虫等来防除杂草。如 1926 年澳大利亚利用一种螟蛾（*Cactoblostis eactorum*）控制为害牧场的仙人掌。20 世纪 70 年代初，我国山东省农业科学院开发的鲁保 1 号制剂（*Glocosporium spp*）防治大豆田菟丝子效果显著。

（三）加强田间调查，因地制宜提出治理方案

进行常规的田间杂草调查与鉴定，研究和制定抗性杂草综合治理对策和具体措施。

第八章 广东烟区杂草图鉴

烟田杂草绿色防控原色图鉴

经普查，广东省烟区烟田杂草共计 157 种，除 6 种蕨类植物外，隶属 34 科，其中菊科 32 种、禾本科 21 种、蓼科 13 种、莎草科 6 种、苋科 7 种、伞形科 3 种、大戟科 5 种、十字花科 2 种、酢浆草科 2 种、藜科 3 种、唇形科 9 种、玄参科 4 种、茄科 2 种、毛茛科 2 种、鸭跖草科 2 种、锦葵科 4 种、柳叶菜科 1 种、茜草科 5 种、旋花科 4 种、豆科 8 种、蔷薇科 1 种、石竹科 2 种、小二仙草科 1 种、天南星科 1 种、荨麻科 1 种、桑科 1 种、马齿苋科 1 种、木贼科 1 种、马鞭草科 3 种、胡椒科 1 种、桔梗科 1 种、椴树科 1 种、车前草科 1 种、堇菜科 1 种。

一、菊科

苏门白酒草

Conyza sumatrensis

为害程度　轻度　**中度**　重度

识别特征：一年生或二年生草本。根纺锤状，直或弯，具纤维状根。茎粗壮，直立，高 80 ～ 150 厘米。叶面网脉明显下凹。头状花序，两性花 6 ～ 11 朵，雌花多层，舌片淡黄色或淡紫色，花冠淡黄色。瘦果线状披针形。花期 5—10 月。

分布与为害：分布于云南、贵州、广西、广东等地，常生于山坡草地、旷野、路旁，为广东烟区常见杂草。

防除方法：可用 2,4-D、苯达松定向喷雾防除。

三叶鬼针草

为害程度　轻度　中度　**重度**

Bidens pilosa

识别特征：一年生草本，高25 ~ 100厘米。茎直立，四棱状，疏生柔毛或无毛。中下部叶对生，叶片3 ~ 7深化裂至羽状复叶，很少下部为单叶，小叶质薄，卵形或卵状椭圆形，有锯齿或分裂，下部叶有长叶柄，向上逐渐变短；上部叶互生，3裂或不裂，线状披针形。头状花序开花时直径约为8毫米，有长梗；总苞片7 ~ 8枚，匙形，边缘有细软毛；外层托片狭长圆形，内层托片狭披针形；舌状花白色或黄色，4 ~ 7朵或有时无，部分不育；管状花黄褐色，长约4.5毫米，5裂。瘦果线形，成熟后黑褐色，长7 ~ 15毫米，有硬毛；冠毛芒刺状，3 ~ 4枚，长1.5 ~ 2.5毫米。花果期9—11月。

分布与为害：分布于我国各地，生于路边、荒地、田间，为广东烟田为害较严重的杂草类型。

防除方法：可用敌草隆、二甲四氯、2,4-D、草甘膦定向喷雾防除。

胜红蓟（藿香蓟）

Ageratum conyzoides

为害程度　轻度 中度 **重度**

识别特征：一年生草本。茎直立，有分枝，高30 ~ 80厘米，有白色长柔毛。叶对生，有柄；叶片卵形或菱状卵形，边缘有钝锯齿，两面均有毛。头状花序，直径约1厘米，在茎或分支的顶部排列成伞房花序；总苞片长圆形，先端尖，背面有毛；花全部为管状花，淡紫色或浅蓝色。瘦果长圆柱状，有棱，冠毛鳞片状上端渐尖成芒状，5枚。幼苗除子叶外，全体有毛，揉之有臭味；子叶近圆形；初生叶2枚，卵形，叶缘有锯齿。种子繁殖。

分布与为害：分布于广东、广西、云南、贵州、四川、江西、福建等地，生于山谷、山坡林下或林缘、河边或山坡草地、田边或荒地上，为广东烟区重要的杂草。

防除方法：可用敌草隆、二甲四氯、2,4–D、草甘膦定向喷雾防除。

苍耳

Xanthium sibiricum

为害程度　轻度　中度　重度

识别特征： 一年生草本。茎直立，粗壮，有分枝，高30～100厘米，有钝棱及长条状斑点。叶互生，具长柄，叶片三角状卵形或心形，边缘浅裂或有齿，两面均被贴生的糙伏毛。花单性，雌雄同株；雄头状花序椭圆形，生于雄花序的下方，总苞有钩刺，内含2朵花。瘦果包于坚硬而有钩刺的囊状总苞中。幼苗粗壮；子叶椭圆状披针形，肉质肥厚，基部抱茎；初生叶2枚，卵形，基出三脉明显。种子繁殖。花期7—8月，果期9—10月。

分布与为害： 分布于我国各地，生于平原、丘陵、低山、荒野、路边、沟旁、田边、草地、村旁等处，为广东烟田常见杂草。

防除方法： 可用2,4-D、二甲四氯、苯达松、草甘膦定向喷雾防除。

黄鹌菜

Youngia japonica

为害程度 <mark>轻度</mark> 中度 重度

识别特征：一年生草本。茎直立，高20～90厘米，不分枝，常呈暗紫色，光滑无毛。基生叶丛生，倒披针形，琴状或羽状半裂，顶裂片较侧裂片稍大，侧裂片向下渐小，有深波状齿，幼苗叶片边缘有不规则的疏齿，叶柄有叶齿或齿不明显；茎生叶互生，通常1～3片，较小。头状花序在茎或枝顶排列成聚伞状圆锥花序；总苞果期钟状；外总苞片5枚，三角形或卵形，总内苞片8枚，披针形；舌状花黄色。瘦果长圆状椭圆形，略弯曲，稍扁平，有粗细不等的纵棱；冠毛白色。种子繁殖。花果期4—10月。

分布与为害：分布于我国各地。生于山坡、路边、林缘、荒野、农田等地，为广东烟区常见杂草。

防除方法：可用二甲四氯、2,4-D、苯达松、草甘膦定向喷雾防除。

金纽扣

Spilanthes acmella

为害程度 **轻度** 中度 重度

识别特征：一年生草本。茎直立或斜升，高15 ~ 70（80）厘米，多分枝，带紫红色，有明显的纵条纹，被短柔毛或近无毛。节间长（1）2 ~ 6厘米；叶卵形、宽卵圆形或椭圆形，长3 ~ 5厘米，宽0.6 ~ 2（2.5）厘米，顶端短尖或稍钝，基部宽楔形至圆形，全缘。波状或具波状钝锯齿，侧脉细，2 ~ 3对，在下面稍明显，两面无毛或近无毛，叶柄长3 ~ 15毫米，被短毛或近无毛。头状花序单生，或圆锥状排列，卵圆形，径7 ~ 8毫米，有或无舌状花；花序梗较短，长2.5 ~ 6厘米，少有更长，顶端有疏短毛；总苞片约8个，2层，绿色，卵形或卵状长圆形，顶端钝或稍尖，长2.5 ~ 3.5毫米，无毛或边缘有缘毛；花托锥形，长3 ~ 5（6）毫米，托片膜质，倒卵形；花黄色，雌花舌状，舌片宽卵形或近圆形，长1 ~ 1.5毫米，顶端3浅裂；两性花花冠管状，长约2毫米，有4 ~ 5个裂片；瘦果长圆形，稍扁压，长1.5 ~ 2毫米，暗褐色，基部缩小，有白色的软骨质边缘，上端稍厚，有疣状腺体及疏微毛，边缘（有时一侧）有缘毛，顶端有1 ~ 2个不等长的细芒。花果期4—11月。

分布与为害：分布于我国各地，生于田边、沟边、溪旁潮湿地、荒地、路旁及林缘，为广东烟区常见杂草。

防除方法：可用二甲四氯、苯达松定向喷雾防除。

狼把草

为害程度 轻度 中度 重度

Biden stripartita

识别特征：一年生草本。茎直立，高 30～80厘米，有时可达90厘米；由基部分枝，无毛。叶对生，茎顶部的叶小，有时不分裂，茎中、下部的叶片羽状分裂或深裂；裂片3～5枚，卵状披针形至狭披针形；稀近卵形，基部楔形，稀近圆形，先端尖或渐尖，边缘疏生不整齐大锯齿，顶端裂片通常比下方者大；叶柄有翼。头状花序顶生，球形或扁球形；总苞片2列，内列披针形，干膜质，与头状花序等长或稍短，外列披针形或倒披针形，比头状花序长，叶状；花皆为管状，黄色；柱头2裂。

分布与为害：分布于我国各地，生于路边、荒野及水边湿地，为广东烟田常见杂草，因常群生，对烟草生长造成一定的影响。

防除方法：可用2,4–D、二甲四氯、草甘膦定向喷雾防除。

马兰

为害程度　轻度　中度　重度

Kalimeris indica

识别特征：多年生草本，具根茎。茎直立，高30～70厘米，有分枝。叶互生无柄；叶片倒披针形或倒卵状长圆形，先端钝或尖，基部渐狭。边缘有疏粗齿或羽状浅裂；上部叶减小，全缘。头状花序单生于枝顶，排列成疏伞房状；总苞片2～3层，倒披针形或披针状长圆形，边缘膜质，有睫毛；边花1层，舌状，淡紫蓝色，心花筒状，黄色。瘦果楔状长圆形，极扁；冠毛短，不等长，易脱落。种子和根茎繁殖。

分布与为害：分布于我国大部分地区，生于田野、垄沟、路旁，为广东烟区常见杂草。

防除方法：可用草甘膦、甲嘧磺隆、苯达松定向喷雾防除。

女菀

为害程度 　**轻度** 中度 重度

Turczaninowia fastigiata

识别特征： 多年生草本。茎直立，有分枝，高30～100厘米，株被短柔毛。叶互生，具短柄；叶片条状披针形，稍翻卷，先端渐尖，基部渐狭，全缘叶背有密短毛及腺点。头状花序多数密集成复伞房状；总苞片3～4层，革质，边缘膜质；边花舌状，未开时常带紫红色；心花筒状，黄色。瘦果稍扁，有细棱，密被短毛；冠毛污白色或近白色。种子繁殖。花果期8—10月。

分布与为害： 分布于我国各地，生于荒地、山坡、路旁，为广东烟区常见杂草。

防除方法： 可用2,4–D、二甲四氯、草甘膦定向喷雾防除。

蟛蜞菊

Wedelia chinensis

为害程度　**轻度**　中度　重度

识别特征： 多年生草本。茎匍匐，上部近直立，基部各节生出不定根，长15～50厘米，基部径约2毫米，分枝，有阔沟纹，疏被贴生的短糙毛或下部脱毛。叶无柄，椭圆形、长圆形或线形，长3～7厘米，宽7～13毫米；基部狭，顶端短尖或钝，全缘或有1～3对疏粗齿，两面疏被贴生的短糙毛。中脉在上面明显或有时不明显，在下面稍突起；侧脉1～2对，通常仅有下部离基发出的1对较明显，无网状脉。头状花序少数，径15～20毫米，单生于枝顶或叶腋内；花序梗长3～10厘米，被贴生短粗毛；总苞钟形，宽约1厘米，长约12毫米；总苞2层，外层叶质，绿色，椭圆形，长10～12毫米，顶端钝或浑圆，背面疏被贴生短糙毛，内层较小，长圆形，长6～7毫米，顶端尖，上半部有缘毛；托片折叠成线形，长约6毫米，无毛，顶端渐尖，有时具3浅裂。舌状花1层，黄色，舌片卵状长圆形，长约8毫米，顶端2～3深裂，管部细短，长为舌片的1/5。管状花较多，黄色，长约5毫米，花冠近钟形，向上渐扩大，檐部5裂，裂片卵形，钝。瘦果倒卵形，长约4毫米，多疣状突起，顶端稍收缩，舌状花的瘦果具3边，边缘增厚。无冠毛，而有具细齿的冠毛环。花期3—9月。

分布与为害： 分布我国南方地区，生于路旁、田边、沟边或湿润草地上，为广东烟区常见杂草。

防除方法： 可用草甘膦、甲嘧磺隆、苯达松定向喷雾防除。

千里光

Senecio scandens

识别特征： 多年生攀缘草本，根状茎木质，粗，径达1.5厘米。茎伸长，弯曲，长2～5米，多分枝，被柔毛或无毛，老时变木质，皮淡色。叶具柄，叶片卵状披针形至长三角形，长2.5～12厘米，宽2～4.5厘米，顶端渐尖，基部宽楔形、截形、戟形或稀心形，通常具浅或深齿，稀全缘，有时具细裂或羽状浅裂，至少向基部具1～3对较小的侧裂片，两面被短柔毛至无毛；羽状脉，侧脉7～9对，弧状，叶脉明显；叶柄长0.5～1（～2）厘米，具柔毛或近无毛，无耳或基部有小耳；上部叶变小，披针形或线状披针形，长渐尖。头状花序有舌状花，多数，在茎枝端排列成顶生复聚伞圆锥花序；分枝和花序梗被密至疏短柔毛；花序梗长1～2厘米，具苞片，小苞片通常1～10枚，

线状钻形。总苞圆柱状钟形，长5～8毫米，宽3～6毫米，具外层苞片；苞片约8枚，线状钻形，长2～3毫米。总苞片12～13枚，线状披针形，渐尖，上端和上部边缘有缘毛状短柔毛，草质，边缘宽，干膜质，背面有短柔毛或无毛，具3脉。舌状花8～10，管部长4.5毫米；舌片黄色，长圆形，长9～10毫米，宽2毫米，钝，具3细齿，具4脉；管状花多数；花冠黄色，长7.5毫米，管部长3.5毫米，檐部漏斗状；裂片卵状长圆形，尖，上端有乳头状毛。花药长2.3毫米，基部有钝耳，耳长约为花药颈部1/7；附片卵状披针形；花药颈部伸长，向基部略膨大；花柱分枝长1.8毫米，顶端截形，有乳头状毛。瘦果圆柱形，长3毫米，被柔毛；冠毛白色，长7.5毫米。

分布与为害：分布我国各地，生于山坡、疏林下、林边、路旁，为广东烟区常见杂草。

防除方法：可用草甘膦、甲嘧磺隆、苯达松定向喷雾防除。

豚草

Ambrosia artemisiifolia

为害程度 轻度 **中度** 重度

识别特征：一年生草本，高 20 ~ 250 厘米。茎直立，具棱，多分枝。头状花序单性，雌雄同株。下部（1 ~ 5 节）叶对生，上部叶互生，叶片三角形，1 ~ 3 回羽状深裂，裂片条状披针形，两面被白毛或表面无毛，表面绿色，背面灰绿色。瘦果倒卵形，包被在坚硬的总苞内，一株豚草产籽量达 7 万 ~ 10 万粒。3—10 月为其生育期，植株的茎、节、枝、根都可长出不定根，发育新的植株。极易密集成片为群体。

分布与为害：入侵杂草，由北美洲扩散到世界许多地区，我国由东北三省向南扩散至广东省粤北烟区，成为为害烟草生长的恶性杂草。

防除方法：可用草甘膦、甲嘧磺隆、苯达松定向喷雾防除。

鳢肠

Eclipta prostrate

为害程度　轻度 **中度** 重度

识别特征：一年生草本。茎自基部和上部分枝，直立或匍匐，高15 ~ 60 厘米，绿色或红褐色，被付毛。叶对生，无柄或基部叶有柄，被粗付毛；叶片长披针形、椭圆状披针形或条状披针形，全缘或有细锯齿。头状花序腋生或顶生，总苞片 5 ~ 6 枚，有毛，宿存，托叶披针形或刚毛状；边花舌状，全缘或 2 裂；心花筒状，裂片 4 枚。筒状花的瘦果三棱状，舌状花的瘦果四棱状；表面有瘤状突起，无冠毛。幼苗子叶椭圆形或近圆形；初生叶 2 片，椭圆形。种子繁殖。

分布与为害：分布于我国各地，生于路旁、河岸、田间等，为广东烟田为害严重的杂草之一。

防除方法：可用二甲四氯、2,4–D、苯达松、农得时、草甘膦定向喷雾防除。

鼠曲草

为害程度 轻度 中度 重度

Gnaphalium affine

识别特征：一年生或二年生草本，高10～50厘米。茎直立，密被白绵毛，通常自基部分枝。叶互生；下部叶匙形，上部叶匙形至线形，长2～6厘米，宽3～10毫米，先端圆钝具尖头，基部狭窄，抱茎，全缘，无柄，质柔软，两面均有白色绵毛，花后基部叶凋落。头状花序顶生，排列成伞房状；总苞球状钟形，苞片多列，金黄色，干膜质；花全部管状，黄色，周围数层是雌花，花冠狭窄如线，花柱较花冠为短；中央为两性花，花管细长，先端5齿裂，雄蕊5枚，柱头2裂。瘦果椭圆形，长约0.5毫米，具乳头状毛，冠毛黄白色。花期4—6月，果期8—9月。

分布与为害：分布于广东、安徽、湖北、江苏、浙江、福建、湖南、江西等地，生于山坡、路旁、田边等，为广东烟区常见杂草。

防除方法：可用敌草隆、二甲四氯、2,4–D、草甘膦定向喷雾防除。

一点红

Emilia sonchifolia

为害程度　轻度 **中度** 重度

识别特征：一年生草本。茎直立或近直立，高 10～40 厘米，光滑无毛或被疏毛，有分枝。叶互生，无柄，常抱茎；叶片卵形，稍肉质，背面微带紫红色；茎下部的叶琴状分裂或具钝齿，茎上部的叶较小，通常全缘或有细齿。头状花序具长梗，在茎或枝顶排列成疏伞房状，花枝常 2 歧分裂；花紫红色或淡紫红色，全为筒状，5 齿裂，两性；总苞圆柱状，苞片 1 层，与花冠近等长。瘦果长圆柱形，有棱，棱上有瘤状突起；冠毛白色。种子繁殖。花果期 7—10 月。

分布与为害：分布于我国各地，生于山坡荒地、田埂、路旁等，为广东烟区常见杂草。

防除方法：可用敌草隆、二甲四氯、2,4–D、草甘膦定向喷雾防除。

苣荬菜

Sonchus brachyotus

为害程度　**轻度** 中度 重度

　　识别特征：多年生草本，全株有乳汁。茎直立，高30～80厘米。地下根状茎匍匐，多数须根着生。地上茎少分支，直立，平滑。多数叶互生，披针形或长圆状披针形，长8～20厘米，宽2～5厘米，先端钝，基部耳状抱茎，边缘有疏缺刻或浅裂，缺刻及裂片都具尖齿；基生叶具短柄，茎生叶无柄。头状花序顶生，单一或呈伞房状，直径2～4厘米，总苞钟形；花全为舌状花，鲜黄色；雄蕊5枚，花药合生；雌蕊1枚，子房下位，花柱纤细，柱头2裂，花柱与柱头都有白色腺毛。瘦果，有棱，侧扁，具纵肋，先端具多层白色冠毛。冠毛细软。花期7月至翌年3月，果期8—10月至翌年4月。

　　分布与为害：分布于我国各地，生于山坡草地、林间草地、潮湿地或近水旁、村边等，为广东烟区常见杂草。

　　防除方法：可用2,4-D、二甲四氯钠、草甘膦等定向喷雾防除。

苦苣菜

Sonchus oleraceus

为害程度　**轻度**　中度　重度

识别特征：一二年生草本，高 30 ～ 90 厘米。根纺锤形。茎直立，粗壮，上部分枝，无毛或上部被腺毛。花果期 7—9 月。

分布与为害：分布于我国各地，生于山坡或山谷林缘、林下或平地田间、空旷处或近水处，为广东烟区常见杂草。

防除方法：可用二甲四氯、2,4–D、草甘膦定向喷雾防除。

豨莶

Siegesbecki aorientalis

为害程度　**轻度** 中度 重度

识别特征：一年生草本，高达1米以上，枝上部尤其是花序分枝被紫褐色头状有柄长腺毛及白色长柔毛。叶对生，叶片质薄，两面被短毛，沿叶脉有白色长柔毛，中部叶阔卵形至阔卵状三角形，长7～20厘米，宽5～18厘米，边缘有大小不等的齿，顶端短渐尖。头状花序直径2～3厘米，多数，排成伞房状；外层总苞片长1～1.5厘米；舌状花长约3.5毫米。瘦果长约3.5毫米。花期8—10月，果期9—12月。

分布与为害：分布于广东、安徽、湖北、江苏、浙江、福建、湖南、江西等地，生于山坡、路旁、田边等，为广东烟区常见杂草。

防除方法：可用敌草隆、二甲四氯、2,4-D、草甘膦定向喷雾防除。

腺梗豨莶

为害程度　轻度 中度 重度

Siegesbeckia pubescens

识别特征：一年生草本。茎直立，粗壮，高30～110厘米，上部多分枝，被开展的灰白色长柔毛和糙毛。基部叶卵状披针形。花期枯萎；中部叶卵圆形或卵形，开展，长3.5～12厘米，宽1.8～6厘米，基部宽楔形，下延成具翼而长1～3厘米的柄，先端渐尖，边缘有尖头状规则或不规则的粗齿；上部叶渐小，披针形或卵状披针形；全部叶上面深绿色，下面淡绿色，基出三脉，

侧脉和网脉明显，两面被平伏短柔毛，沿脉有长柔毛。头状花序径18～22毫米，多数生于枝端，排列成松散的圆锥花序；花梗较长，密生紫褐色头状具柄腺毛和长柔毛；总苞宽钟状；总苞片2层，叶质，背面密生紫褐色头状具柄腺毛，外层线状匙形或宽线形，长7～14毫米，内层卵状长圆形，长3.5毫米。舌状花花冠管部长1～1.2毫米，舌片先端2～3齿裂，有时5齿裂；两性管状花长约2.5毫米，冠檐钟状，先端4～5裂。瘦果倒卵圆形，4棱，顶端有灰褐色环状突起。花期5—8月，果期6—10月。

分布与为害：分布于我国各地，生于山坡、山谷林缘、灌丛林下的草坪中，河谷、溪边、河槽潮湿地，以及旷野、耕地边等，为广东烟区常见杂草。

防除方法：可用二甲四氯、草甘膦定向喷雾防除。

加拿大飞蓬

为害程度　轻度 **中度** 重度

Erigeron canadensis

识别特征: 越年生或一年生草本。茎直立,高50～100厘米,有细条状及粗糙毛。叶互生,叶柄不明显;叶片条状披针形或长圆状条形,全缘或有微锯齿,有长睫毛。头状花序具短梗,多数密集成圆锥状或伞房状;总苞半球形,总苞片2～3层,条状披针形,边缘膜质,几无毛,舌状花小而直立,白色或微带紫色;筒状花较舌状花稍短。瘦果长圆形,扁,有毛;冠毛白色,刚毛状。种子繁殖。

分布与为害: 分布于我国各地,生于山坡、草地、牧场或林缘,为广东烟区常见杂草。

防除方法: 可用2,4-D、二甲四氯、草甘膦定向喷雾防除。

辣子草

Galinsoga parviflora

为害程度 **轻度** 中度 重度

识别特征：一年生草本，高 70 ~ 80 厘米。茎圆形，有细条纹，略被毛，节膨大，单叶对生，草质，卵圆形或披针状卵圆形至披针形，长 3 ~ 6.5 厘米，宽 1.5 ~ 4 厘米，先端渐尖，基部宽楔形至圆形，上面绿色，下面淡绿色，边缘有浅圆齿，基生三出脉，叶脉在上面凹下，下面突起。头状花序小，顶生或腋生，有长柄，外围有少数白色舌状花，盘花黄色。瘦果有角，顶端有鳞片。花果期 7—10 月。

分布与为害：分布于浙江、江西、四川、贵州、云南、广东、西藏等地，生于田边、路旁、庭园空地及荒坡上，为广东烟区常见杂草。

防除方法：可用 2,4-D、二甲四氯、草甘膦定向喷雾防除。

艾蒿

Artemisia argyi

为害程度 轻度 中度 重度

识别特征：多年生草本，植株有浓烈香气。根系发达，茎直立，高 50 ~ 150 厘米，密被白色茸毛或仅上部有开展及斜生的花序枝。中部叶羽状深裂或浅裂，裂片宽，边缘有齿，叶面被丝状毛，有白色腺点；上部叶渐小，三裂或不裂。头状花序多数，排列成复总状；总苞卵形，总苞片 4 ~ 5 层，边缘膜质，背部有毛；花筒状，略带红色。根茎和种子繁殖。花果期 9—10 月。

分布与为害：分布于我国各地，生于路旁荒野、草地，为广东烟区常见杂草。

防除方法：可用2,4–D、二甲四氯钠、苯达松、草甘膦定向喷雾防除。

黄花蒿

为害程度　**轻度**　中度　重度

Artemisia annua

识别特征：一年生草本，植株有浓烈的挥发性香气。根单生，垂直，狭纺锤形。茎单生，高1～2米，基部直径可达1厘米，有纵棱，幼时绿色，后变褐色或红褐色，多分枝。茎、枝、叶两面及总苞片背面无毛或初时背面微有极稀疏短柔毛，后脱落无毛。叶纸质，绿色；茎下部叶宽卵形或三角状卵形，长3～7厘米，宽2～6厘米，绿色，两面具细小脱落性的白色腺点及细小凹点，3（～4）回栉齿状羽状深裂，每侧有裂片5～8（～10）枚，裂片长椭圆状卵形，再次分裂，小裂片边缘具多枚栉齿状三角形或长三角形的深裂齿，裂齿长1～2毫米，宽0.5～1毫米，中肋明显，在叶面上稍隆起，中轴两侧有狭翅而无小栉齿，稀上部有数枚小栉齿，叶柄长1～2厘米，基部有半抱茎的假托叶；中部叶2（～3）回栉齿状的羽状深裂，小裂片栉齿状三角形。稀少为细短狭线形，具短柄；上部叶与苞片叶1（～2）回栉齿状羽状深裂，近无柄。头状花序球形，多数，直径1.5～2.5毫米，有短梗，下垂或倾斜，基部有线形的小苞叶，在分枝上排成总状或复总状花序，并在茎上组成开展、尖塔形的圆锥花序；总苞片3～4层，内、

外层近等长，外层总苞片长卵形或狭长椭圆形，中肋绿色，边膜质，中层、内层总苞片宽卵形或卵形，花序托突起，半球形；花深黄色，雌花10～18朵，花冠狭管状，檐部具2（～3）裂齿，外面有腺点，花柱线形，伸出花冠外，先端2叉，叉端钝尖；两性花10～30朵，结实或中央少数花不结实，花冠管状，花药线形，上端附属物尖，长三角形，基部具短尖头，一般花柱近与花冠等长，先端2叉，叉端截形，有短睫毛。瘦果小，椭圆状卵形，略扁。花果期8—11月。

　　分布与为害：分布于我国各地，生于路旁、荒地、山坡、林缘等，为广东烟区常见杂草。

　　防除方法：可用2,4-D、苯达松、草甘膦等定向喷雾防除。

青蒿

Artemisia carvifolia

为害程度 <mark>轻度</mark> 中度 重度

识别特征：一年生草本，植株有香气。主根单一，垂直，侧根少。茎单生，高 30 ~ 150 厘米，上部多分枝，幼时绿色，有纵纹；下部稍木质化，纤细，无毛。叶两面青绿色或淡绿色，无毛；基生叶与茎下部叶 3 回栉齿状羽状分裂，有长叶柄。花期叶凋谢；中部叶长圆形、长圆状卵形或椭圆形，长 5 ~ 15 厘米，宽 2 ~ 5.5 厘米，2 回栉齿状羽状分裂，第一回全裂，每侧有裂片 4 ~ 6 枚，裂片长圆形，基部楔形，每裂片具多枚长三角形的栉齿或为细小、略呈线状披针形的小裂片，先端锐尖，两侧常有 1 ~ 3 枚小裂齿或无裂齿，中轴与裂片羽轴常有小锯齿，叶柄长 0.5 ~ 1 厘米，基部有小形半抱茎的假托叶；上部叶与苞片叶 1（~ 2）回栉齿状羽状分裂，无柄。头状花序半球形或近半球形，直径 3.5 ~ 4 毫米，具短梗，下垂，基部有线形的小苞叶，

在分枝上排成穗状花序式的总状花序，并在茎上组成中等开展的圆锥花序；总苞片 3 ～ 4 层，外层总苞片狭小，长卵形或卵状披针形，背面绿色，无毛，有细小白点，边缘宽膜质，叶互生，暗绿色或棕绿色，卷缩，碎，中层总苞片稍大，宽卵形或长卵形，边宽膜质，内层总苞片半膜质或膜质，顶端圆；花序托球形；花淡黄色；雌花 10 ～ 20 朵，花冠狭管状，檐部具 2 裂齿，花柱伸出花冠管外，先端 2 叉，叉端尖；两性花 30 ～ 40 朵，孕育或中间若干朵不孕育，花冠管状，花药线形，上端附属物尖，长三角形，基部圆钝，花柱与花冠等长或略长于花冠，顶端 2 叉，叉端截形，有睫毛。瘦果长圆形至椭圆形。花果期 6—9 月。

分布与为害： 分布于我国各地，生于低海拔湿润的河岸边沙地、山谷、林缘、路旁等，为广东烟区常见杂草。

防除方法： 可用二甲四氯、2,4–D、苯达松、农得时、草甘膦定向喷雾防除。

裸柱菊

Soliva anthemifolia

为害程度 **轻度** 中度 重度

识别特征: 一年生矮小草本,茎通常短于叶,丛生。叶互生,具有叶柄,长 5 ~ 10 厘米,2 回羽状分裂,裂片条形,全缘或 3 裂,被长柔毛或近无毛。成株茎铺散或平卧,多分枝,成丛,通常短于叶,被长柔毛。叶长 5 ~ 12 厘米,宽约 2 厘米,2 ~ 3 回羽状全裂,裂叶线形,长 5 ~ 9 毫米,宽 0.3 ~ 2 毫米,顶端急尖,全缘或 2 ~ 3 裂,两面被长柔毛;叶柄长 1.5 ~ 5 厘米,下部极扩大。头状花序聚生于短茎上,近球形,直径 6 ~ 12 毫米;总苞片长圆形或披针形,长 4 ~ 5 毫米,顶端渐尖;外围的雌花无花冠,数层;中央的两性花花冠长约 2 毫米,顶端 2 ~ 3 裂,雄蕊 3 枚,花药顶端钝,基部圆,无尾,花往顶端盘状。瘦果扁平,长约 3 毫米,宽 1.2 毫米,边缘具横皱纹的翅,顶端有白色的绢毛和冠以宿存的花柱。

分布与为害: 分布于江西、福建、台湾、广东等地,见于荒地、田野。

防除方法: 人工铲除和除草剂均可用于控制,常用的除草剂如 72% 的 2,4-D 丁酯,每公顷用 600 ~ 750 毫升,兑水 450 ~ 600 升喷雾。如用 72% 的 2,4-D 丁酯和溴苯腈混合使用,效果更好。

柔毛艾纳香

Blumea mollis

为害程度　**轻度** 中度 重度

识别特征：草本，主根粗直，有纤维状叉开的侧根。茎直立，高 60 ~ 90 厘米，分枝或少有不分枝，具沟纹，被开展的白色长柔毛，杂有具柄腺毛，节间长 3 ~ 5 厘米。下部叶有长达 1 ~ 2 厘米的柄，叶片倒卵形，长 7 ~ 9 厘米，宽 3 ~ 4 厘米，基部楔状渐狭，顶端圆钝，边缘有不规则的密细齿，两面被绢状长柔毛，在下面通常较密，中脉在下面明显突起，侧脉 5 ~ 7 对，弧状或斜上升，不抵边缘，网脉明显或仅在下面明显；中部叶具短柄，倒卵形至倒卵状长圆形，长 3 ~ 5 厘米，宽2.5 ~ 3 厘米，基部楔尖，顶端钝或短尖，有时具小尖头；上部叶渐小，近无柄，长 1 ~ 2 厘米，宽0.3 ~ 0.8 厘米。头状花序多数，无或有短柄，径 3 ~ 5 毫米，通常 3 ~ 5 个簇生，密集成聚伞状花序，再排成大圆锥花序，花序柄长达 1 厘米，被密长柔毛；总苞圆柱形，

长约5毫米，总苞片近4层，草质，紫色至淡红色，长于花盘，花后反折，外层线形，长约3毫米，顶端渐尖，背面被密柔毛，杂有腺体，中层与外层同形，长约5毫米，边缘干膜质，背面被疏毛，内层狭，长于外层2倍，顶端锐尖；花托多少扁平，径1~2.5毫米，蜂窝状，无毛。花紫红色或花冠下半部淡白色；雌花多数，花冠细管状，长4~5毫米，檐部3齿裂，裂片无毛；两性花约10个，花冠管状，长约5毫米，向上渐增大，檐部5浅裂，裂片近三角形，顶端圆形或短尖，具乳头状突起及短柔毛。瘦果圆柱形，近有角至表面圆滑，长约1毫米，被短柔毛。冠毛白色，糙毛状，长约3毫米，易脱落。花期几乎全年。

分布与为害： 分布于我国各地，生于田野或空旷草地，为广东烟区常见杂草。

防除方法： 可用二甲四氯、2,4-D、苯达松、农得时、草甘膦定向喷雾防除。

香泽兰

为害程度 轻度 中度 重度

Eupatorium odoratum

识别特征: 多年生草本,枝叶揉之有香味。茎直立,有分枝,高1 ~ 1.5 米,粗壮,被灰白色柔毛。叶对生,具长柄;叶片三角状卵形或菱状卵形,边缘有粗钝锯齿,两面被绒毛,叶背毛较密而呈灰白色,基出三脉明显。头状花序多数在枝和茎顶排列成伞房状;总苞圆柱状,紧抱小花,总苞片覆瓦状排列,有褐色纵条纹;花全部为筒状花,白色,淡绿色或粉红色;冠毛毛状,稍长于花冠。瘦果黑色,有 5 棱,无毛和腺点。

分布与为害: 分布于我国南方和西南等地区,生于耕地、荒地、路旁或疏林中,为广东烟区常见杂草。

防除方法: 可用 2,4–D、二甲四氯、草甘膦定向喷雾防除。

续断菊

为害程度 轻度 中度 重度

Sonchus asper

识别特征：一年生草本。有纺锤状根。茎中空，直立高50～100厘米，下部无毛，中上部及顶端有稀疏腺毛。茎生叶片卵状狭长椭圆形，不分裂，缺刻状半裂或羽状分裂，裂片边缘密生长刺状尖齿，刺较长而硬，基部有扩大的圆耳。头状花序直径约2厘米，花序梗常有腺毛或初期有蛛丝状毛；总苞钟形或圆筒形，长1.2～1.5厘米；舌状花黄色，长约1.3厘米，舌片长约0.5厘米。瘦果较扁平，短宽而光滑，两面除有明显的3纵肋外，无横纹，有较宽的边缘。花果期5—10月。

分布与为害：分布于我国新疆、西藏，以及南方各地，生于路边和荒野处，为广东烟区常见杂草，发生量小，为害一般。

防除方法：可用 2,4-D、二甲四氯、草甘膦定向喷雾防除。

野茼蒿

为害程度　**轻度** 中度 重度

Crassocephalum crepidioides

　　识别特征: 一年生草本。茎直立,高20~100厘米,有条纹,光滑无毛。叶互生,具柄;叶片长圆状椭圆形,先端渐尖;基部楔形,边缘有重锯齿,中上部叶的基部羽状分裂,两面近无毛。头状花序,在茎顶排列成圆锥状;总苞圆柱形,总苞片2层,条状披针形,边缘膜质,先端有小束毛,基部有数个小苞片,花全为筒状花,两性,粉红色。瘦果狭圆柱形,红色,有条棱,被毛;冠毛多数,白色。幼苗子叶圆形;初生叶1枚,卵圆形,具柄,叶缘有疏齿。花果期7—12月。

　　分布与为害: 分布于广东、香港、广西、江西、浙江等地,生于荒地、路旁、林下和水沟边,为广东烟区常见杂草。

　　防除方法: 可用 2,4-D、二甲四氯、草甘膦定向喷雾防除。

一年蓬

为害程度　**轻度**　中度　重度

Erigeron annuus

识别特征：一年生或越年生草本，全株有短毛。茎直立，高30～100厘米，上部有分枝。基生叶长圆形或宽卵形，边缘有粗齿，基部渐狭成具齿的叶柄；中上部叶较小，长圆状披针形或披针形，边缘有不规则的齿裂，具短柄或近无柄；最上部的叶条形，全缘，有睫毛。头状花序排列成伞房状或圆锥状；边花舌状，白色或淡蓝色；心花筒状，黄色。瘦果长圆形，扁，有一层极短的鳞片状冠毛和10～15条糙毛。种子繁殖。花期6—8月，果期8—10月。

分布与为害：分布于我国各地，生于山坡、田野中，为广东烟区常见杂草。

防除方法：可用2,4-D、二甲四氯、草甘膦定向喷雾防除。

钻叶紫菀

为害程度　　**轻度** 中度 重度

Aster subulatus

识别特征： 一年生草本，高25～80厘米。茎基部略带红色，上部有分枝。叶互生，无柄；基部叶倒披针形。花期凋落；中部叶线状披针形，长6～10厘米，宽0.5～1厘米，先端尖或钝，全缘，上部叶渐狭线形。头状花序顶生，排成圆锥花序；总苞钟状；总苞片3～4层，外层较短，内层较长，线状钻形，无毛，背面绿色，先端略带红色；舌状花细狭、小、红色；管状花多数，短于冠毛。瘦果略有毛。花期9—11月。

分布与为害： 分布于我国西南地区，以及江苏、浙江、江西、湖南、福建、广东等地，生于山坡、林缘、路旁等地，为广东烟区常见杂草。

防除方法： 可用2,4-D、二甲四氯、草甘膦定向喷雾防除。

小鱼眼草

为害程度　轻度　中度　重度

Dichrocephala benthamii

识别特征： 一年生草本，高 15 ~ 35 厘米。茎单生，自基部长出多数密集的匍匐斜升的茎而无明显的主茎，整个茎枝被白色长或短柔毛，上部及接花序处的毛常稠密而开展。叶倒卵形、长倒卵形，中部茎叶长 3 ~ 6 厘米，宽 1.5 ~ 3 厘米，羽裂或大头羽裂，耳状抱茎，边缘深圆锯齿。全部叶两面被白色疏或密短毛。头状花序小，扁球形，伞房花序或圆锥状伞房花序；花序梗稍粗，被尘状微柔毛或几无毛。总苞片 1 ~ 2 层，长圆形，长约 1 毫米，边缘锯齿状微裂。花托半圆球形突起，顶端平。外围雌花多层，白色，花冠卵形或坛形，基部膨大，上端收窄，长 0.6 ~ 0.7 毫米，顶端 2 ~ 3 个微齿。中央两性花少数，黄绿色，花冠管状，长 0.8 ~ 0.9 毫米，管部短，狭细，檐部长钟状，有 4 ~ 5 裂齿。瘦果压扁，光滑，倒披针形，边缘脉状加厚。无冠毛，或两性花瘦果的顶端有 1 ~ 2 个细毛状冠毛。花果期全年。

分布与为害： 分布于湖北、广西、广东、四川、贵州、云南等地，生于山坡或山谷草地、溪边、路旁或田边荒地，为广东烟区常见杂草。

防除方法： 可用 2,4-D、二甲四氯、草甘膦定向喷雾防除。

加拿大一枝黄花

Solidago canadensis

为害程度　轻度　**中度**　重度

识别特征: 多年生草本,高 30 ~ 80 厘米,地下根须状。茎直立,光滑,分枝少,基部带紫红色。头状花序直径 5 ~ 8 毫米,聚成总状或圆锥状,总苞钟形;苞片披针形;花黄色,舌状花约 8 朵,雌性,管状花多数,两性;花药先端有帽状附属物。单叶互生,卵圆形、长圆形或披针形,长 4 ~ 10 厘米,宽 1.5 ~ 4 厘米,先端尖、渐尖或钝,边缘有锐锯齿;上部叶锯齿渐疏至全近缘,初时两面有毛,后渐无毛或仅脉被毛;基部叶有柄,上部叶柄渐短或无柄。瘦果圆柱形,近无毛,冠毛白色。果期 10—11 月。

分布与为害: 外来物种,原产于北美洲作为花卉观赏引进栽培,繁殖力极强,传播速度快,生长优势明显,生态适应性广阔,与周围植物争阳光、争肥料,并分泌化感物质,抑制其他植物生长,直至死亡。现已在浙江、江苏、安徽、江西、湖北、上海、云南、台湾、四川、辽宁等地有分布,将成为烟田的潜在的恶性杂草。

防除方法: 可用草甘膦、甲嘧磺隆、苯达松定向喷雾防除。

微甘菊

Mikania micrantha

为害程度　轻度　中度　**重度**

识别特征：多年生草质或木质藤本，茎细长，匍匐或攀缘，多分枝。头状花序多数，在枝端常排成复伞房花序状，花序长4.5～6毫米，含小花4朵，全为结实的两性花。茎中部叶三角状卵形至卵形，长4～13厘米，宽2～9厘米，基部心形，偶近戟形，先端渐尖，边缘具数个粗齿或浅波状圆锯齿，两面无毛，基出3～7脉；叶柄长2～8厘米；上部的叶渐小，叶柄亦短。瘦果，黑色，被毛，具5棱，被腺体，冠毛由32～38（～40）条刺毛组成，白色，长2～3.5（～4）毫米。花果期从8月至翌年2月。

分布与为害：入侵杂草，原产于中美洲，现已广泛传播到亚洲热带地区。在1919年薇甘菊作为杂草在中国香港出现，1984年在深圳发现，2008年来已广泛分布在珠江三角洲地区，已成为南方果园、林地和作物田的恶性杂草，入侵烟田将对烟草生长造成严重的影响。

防除方法：可用草甘膦、甲嘧磺隆、苯达松定向喷雾防除。

紫茎泽兰

Ageratina adenophora

为害程度　轻度 **中度** 重度

识别特征: 多年生草本或亚灌木。茎紫色，直立，高 30 ~ 90 厘米，分枝对生，斜上。头状花序多数，在茎顶排列成伞房状或复伞房状，花全为筒状花，两性，淡紫色或白色。叶对生，基出三脉明显，侧脉纤细，边缘有锯齿。瘦果长圆柱状，略弯，黑褐色，有棱，冠毛白色。

分布与为害: 原产于中美洲、南美洲，现在我国的云南、贵州、四川、广西、重庆、湖北、西藏等地广泛分布和为害。繁殖力极强，传播速度快，生长优势明显，生态适应性广阔，与周围植物争阳光、争肥料，并分泌化感物质抑制植物生长，直至死亡。若入侵烟田，将是烟草田的恶性杂草。

防除方法: 可用二甲四氯、草甘膦定向喷雾防除。

二、禾本科

稗草

为害程度　轻度　中度　**重度**

Echinochloa crusgalli

识别特征：一年生草本。秆直立，基部倾斜或膝曲，光滑无毛；叶鞘松弛，下部者长于节间，上部者短于节间；高 50 ～ 130 厘米。叶片条形，无毛，无叶舌。圆锥花序主轴具角棱，粗糙；小穗密集于穗轴的一侧，具极短柄或近无柄；第一颖三角形，基部包卷小穗，长为小穗的 1/3 ～ 1/2，具 5 脉，被短硬毛或硬刺疣毛；第二颖先端具小尖头，具 5 脉，脉上具刺状硬毛，脉间被短硬毛；第一外稃草质，上部具 7 脉，先端延伸成 1 粗壮芒，内稃与外稃等长。颖果卵形，米黄色。花果期 7—10 月。

分布与为害：我国各大烟区均有分布，是烟田为害严重的杂草。

防除方法：可用精喹禾灵、茅草枯等除草剂，在枝节抽穗期进行叶面喷雾效果较好，也可结合种植绿肥覆盖地表，进行综合治理。

马唐

为害程度　轻度　**中度**　重度

Digitaria sanguinalis

识别特征： 一年生草本。秆基部倾斜，着地后节易生根，高
40 ~ 100 厘米，光滑无毛。叶片条状披针形，两面疏生软毛或无毛；
叶鞘大都短于节间，疏生有疣基的软毛，稀无毛；叶舌膜质，先端钝
圆。总状花序 3 ~ 10 枚，指状排列或下部的近于轮生；小穗通常轮生，
一半有柄，一半无柄；第一颖微小，第二颖长约为小穗的一半或稍短
于小穗，边缘有纤毛；第一外稃与小穗等长，具 5 ~ 7 脉，脉间距离
不匀而无毛；第二外稃边缘膜质，覆盖内稃。颖果椭圆形，透明。种
子繁殖。花果期 6—9 月。

分布与为害： 分布于我国各地，生于草坪、田野和荒地，为广东
烟田为害较严重的杂草之一。

防除方法： 可用精喹禾灵、扑草净、稳杀得、禾草克、盖草能防除。

白茅

Imperata cylindrica

为害程度　轻度 中度 重度

识别特征：多年生草本，具粗壮的长根状茎。秆直立，高30～80厘米，具1～3节，节无毛。叶鞘聚集于秆基，甚长于其节间，质地较厚，老后破碎呈纤维状；叶舌膜质，长约2毫米，紧贴其背部或鞘口具柔毛，分蘖叶片长约20厘米，宽约8毫米，扁平，质地较薄；秆生叶片长1～3厘米，窄线形，通常内卷，顶端渐尖呈刺状，下部渐窄，或具柄，质硬，被有白粉，基部上面具柔毛。圆锥花序稠密，长20厘米，宽达3厘米，小穗长4.5～5（～6）毫米，基盘具长12～16毫米的丝状柔毛；两颖草质及边缘膜质，近相等，具5～9脉，顶端渐尖或稍钝，常具纤毛，脉间疏生长丝状毛。第一外稃卵状披针形，长为颖片的2/3，透明膜质，无脉，顶端尖或齿裂；第二外稃与其内稃近相等，长约为颖之半，卵圆形，顶端具齿裂及纤毛；雄蕊2枚，花药长3～4毫米；花柱细长，基部多少连合，柱头2，紫黑色，羽状，长约4毫米，自小穗顶端伸出。颖果椭圆形，长约1毫米，胚长为颖果的一半。花果期4—6月。

分布与为害：分布于我国各地，生于低山带平原河岸草地、沙质草甸、荒漠与农田，为广东烟区常见杂草。

防除方法：精喹禾灵、茅草枯等除草剂，在枝节抽穗期进行叶面喷雾效果较好，也可结合种植绿肥覆盖地表，进行综合治理。

棒头草

Polypogon fugax

为害程度　**轻度** 中度 重度

识别特征： 一年生草本。秆丛生，基部膝曲，大都光滑，高 10 ~ 75 厘米。叶鞘光滑无毛，大都短于或下部者长于节间；叶舌膜质，长圆形，长 3 ~ 8 毫米，常 2 裂或顶端具不整齐的裂齿；叶片扁平，微粗糙或下面光滑，长 2.5 ~ 15 厘米，宽 3 ~ 4 毫米。圆锥花序穗状，长圆形或卵形，较疏松，具缺刻或有间断，分枝长可达 4 厘米；小穗长约 2.5 毫米（包括基盘），灰绿色或部分带紫色；颖长圆形，疏被短纤毛，先端 2 浅裂，芒从裂口处伸出，细直，微粗糙，长 1 ~ 3 毫米；外稃光滑，长约 1 毫米，先端具微齿，中脉延伸成长约 2 毫米而易脱落的芒；雄蕊 3 枚，花药长 0.7 毫米。颖果椭圆形，一面扁平，长约 1 毫米。花果期 4—9 月。

分布与为害： 分布于我国各地，生于潮湿地、山坡溪边等，为广东烟区常见杂草。

防除方法： 精喹禾灵、茅草枯等除草剂，在枝节抽穗期进行叶面喷雾效果较好，也可结合种植绿肥覆盖地表，进行综合治理。

毒麦

为害程度　**轻度** 中度 重度

Lolium temulentum

识别特征：一年生草本。秆成疏丛，高20~120厘米，具3~5节，无毛。叶鞘长于其节间，疏松；叶舌长1~2毫米；叶片扁平，质地较薄，长10~25厘米，宽4~10毫米，无毛，顶端渐尖，边缘微粗糙。穗形总状花序长10~15厘米，宽1~1.5厘米；穗轴增厚，质硬，节间长5~10毫米，无毛；小穗含4~10小花，长8~10毫米，宽3~8毫米；小穗轴节间长1~1.5毫米，平滑无毛；颖较宽大，与其小穗近等长，质地硬，长8~10毫米，宽约2毫米，有5~9脉，具狭膜质边缘；外稃长5~8毫米，椭圆形至卵形，成熟时肿胀，质地较薄，具5脉，顶端膜质透明，基盘微小，芒近外稃顶端伸出，长1~2厘米，粗糙；内稃约等长于外稃，脊上具微小纤毛。颖果长4~7毫米，为其宽的2~3倍，厚1.5~2毫米。花果期6—7月。

分布与为害：分布于我国各地，生于荒芜田野或田间杂草，为广东粤北烟区常见杂草。

防除方法：精喹禾灵、茅草枯等除草剂，在枝节抽穗期进行叶面喷雾效果较好，也可结合种植绿肥覆盖地表，进行综合治理。

两耳草

Paspalum conjugatum

为害程度　轻度 中度 重度

识别特征: 多年生草本。植株具长达1米的匍匐茎,秆直立部分高30～60厘米。叶鞘具脊,无毛或上部边缘及鞘口具柔毛;叶舌极短,与叶片交接处具长约1毫米的一圈纤毛;叶片披针状线形,长5～20厘米,宽5～10毫米,质薄,无毛或边缘具疣柔毛。总状花序2枚,纤细,长6～12厘米,开展;穗轴宽约0.8毫米,边缘有锯齿;小穗柄长约0.5毫米;小穗卵形,长1.5～1.8毫米,宽约1.2毫米,顶端稍尖,覆瓦状排列成两行;第二颖与第一外稃质地较薄,无脉,第二颖边缘具长丝状柔毛,毛长与小穗近等。第二外稃变硬,背面略隆起,卵形,包卷同质的内稃。颖果长约1.2毫米,胚长为颖果的1/3。花果期5—9月。

分布与为害: 我国各地均有分布,生于田野潮湿之地,为广东烟区常见杂草。

防除方法: 10%草甘膦水剂、41%农达水剂、74.7%农民乐水溶性粒剂,在两耳草生长已很旺盛但尚未开花时,定向喷施防除。

狗尾草

为害程度 **轻度** 中度 重度

Setaria viridis

识别特征：一年生草本，
根为须状，秆直立或基部膝曲，
高10～100厘米，基部径达3～7
毫米。叶鞘松弛，无毛或疏具
柔毛或疣毛，边缘具较长的密绵
毛状纤毛；叶舌极短，缘有长
1～2毫米的纤毛；叶片扁平，
长三角状狭披针形或线状披针

形，先端长渐尖或渐尖，基部钝圆形，几呈截状或渐窄，长4～30厘
米，宽2～18毫米，通常无毛或疏被疣毛，边缘粗糙。圆锥花序紧密
呈圆柱状或基部稍疏离，直立或稍弯垂，主轴被较长柔毛，长2～15
厘米，宽4～13毫米（除刚毛外），刚毛长4～12毫米，粗糙或微粗
糙，直或稍扭曲，通常绿色或褐黄色到紫红或紫色；小穗2～5个簇生
于主轴上或更多的小穗着生在短小枝上，椭圆形，先端钝，长2～2.5
毫米，铅绿色；第一颖卵形、宽卵形，长约为小穗的1/3，先端钝或稍
尖，具3脉；第二颖几与小穗等长，椭圆形，具5～7脉；第一外稃与
小穗等长，具5～7脉，先端钝，其内稃短小狭窄；第二外稃椭圆形，
顶端钝，具细点状皱纹，边缘内卷，狭窄；鳞被楔形，顶端微凹；花
柱基分离；叶上下表皮脉间均为微波纹或无波纹颖果灰白色。花果期
5—10月。

分布与为害：分布于我国各地，生于农田、路边、荒地，为广东
烟区主要杂草。

防除方法：10% 草甘膦水剂、41% 农达水剂、74.7% 农民乐水溶
性粒剂，在生长已很旺盛但尚未开花时，定向喷施防除。

狗牙根

为害程度　<mark>轻度</mark> 中度 重度

Cynodon dactylon

　　识别特征：多年生杂草，具根状茎或匍匐茎，节间长短不等。秆匍匐部分可长达 1 米以上，并于节上生根及分枝。叶条形，叶舌短小，具小纤毛。穗状花序 3～6 枚，呈指状排列于穗顶；小穗成 2 行排列于穗的一侧，长约 2 毫米，含 1 小花；两颖近等长；外稃具 3 脉。颖果长圆形。以匍匐茎繁殖为主。

　　分布与为害：广布于我国黄河以南各地，生于水沟边、路旁、草地、农田，为广东烟区常见杂草。

　　防除方法：10% 草甘膦水剂、41% 农达水剂、74.7% 农民乐水溶性粒剂，在生长已很旺盛但尚未开花时，定向喷施防除。

假稻

Leersia japonica

为害程度　轻度 中度 重度

识别特征： 多年生草本，高达80厘米。秆下部伏卧而上部斜升直立，节处生多数分枝的须根，并密生倒毛。叶片长5～15厘米，宽4～8毫米，粗糙；叶鞘通常短于节间；叶舌长1～3毫米，顶端截平。圆锥花序长9～12厘米，分枝光滑，具角棱，直立或斜升，长达6厘米；小穗长4～6毫米，草绿色或紫色；外稃具5脉，脊具刺毛，内稃具3脉，中脉亦具刺毛；雄蕊6枚，花药长约3毫米。花果期5—10月。

分布与为害： 分布于我国南方各地，生于池塘、水田、溪沟湖旁水湿地，广东烟区零星分布于水稻与烟草轮作田。

防除方法： 10% 草甘膦水剂、41% 农达水剂、74.7% 农民乐水溶性粒剂，在生长已很旺盛但尚未开花时，定向喷施防除。

金色狗尾草

为害程度 轻度 **中度** 重度

Setaria glauca

识别特征：一
年生草本，单生或丛
生。秆直立或基部倾
斜膝曲，近地面节
可生根，高20～90厘
米，光滑无毛，仅花
序下面稍粗糙。叶鞘

下部扁压具脊，上部圆形，光滑无毛，边缘薄膜质，光滑无纤毛；叶
舌具一圈长约1毫米的纤毛，叶片线状披针形或狭披针形，长5～40厘
米，宽2～10毫米，先端长渐尖，基部钝圆，上面粗糙，下面光滑，
近基部疏生长柔毛。圆锥花序紧密呈圆柱状或狭圆锥状，长3～17厘
米，宽4～8毫米（刚毛除外），直立，主轴具短细柔毛，刚毛金黄色
或稍带褐色，粗糙，长4～8毫米，先端尖，通常在一簇中仅具一个发
育的小穗。第一颖宽卵形或卵形，长为小穗的1/3～1/2，先端尖，具
3脉；第二颖宽卵形，长为小穗的1/2～2/3，先端稍钝，具5～7脉。第
一小花雄性或中性，第一外稃与小穗等长或微短，具5脉，其内稃膜
质，等长且等宽于第二小花，具2脉，通常含3枚雄蕊或无；第二小花
两性，外稃革质，等长于第一外稃。先端尖，成熟时，背部极隆起，
具明显的横皱纹；鳞被楔形；花柱基部联合。叶上表皮脉间均为无波
纹的或微波纹的、有角棱的壁薄的长细胞；下表皮脉间均为有波纹
的、壁较厚的长细胞，并有短细胞。花果期6—10月。

分布与为害：分布于我国南北各地，生于较潮湿农田、沟渠或路
旁等，为广东烟区常见杂草，并造成一定为害。

防除方法：可用精喹禾灵、盖草能、禾草克等除草剂。

牛筋草

Eleusine indica

为害程度　**轻度** 中度 重度

识别特征：一年生草本。秆丛生、斜生和偃卧，有时近直立，高
15～90厘米。叶片压扁而具脊，鞘口具柔毛，叶舌短；叶片条形。
穗状花序2～7枚，呈指状排列于秆顶，其中1或2枚单生于其花序
的下方；小穗成双行密集于穗轴的一侧，含3～6小花；颖和稃均无芒；
第一颖短于第二颖；第一外稃具3脉，有脊，脊上具狭翅；内稃短于
外稃，脊上具小纤毛。囊果呈卵形，有明显的波状皱纹。种子繁殖。
花果期6—10月。

分布与为害：分布于我国各地，生于村边、旷野、田边、路边，
为广东烟区常见杂草。

防除方法：苗前施用扑草净、敌草隆、伏
草隆、氟乐灵等，苗后施用精喹禾灵、拿捕净、
稳杀得，定向喷施草甘膦等除草剂。

千金子

为害程度　　轻度　中度　重度

Leptochloa chinensis

　　识别特征：一年生草本。秆丛生，上部直立，基部膝曲，高30～90厘米，光滑无毛。叶鞘无毛，大多短于节间；叶舌膜质，多撕裂，具小纤毛；叶片条状披针形，无毛，长卷折。圆锥花序10～30厘米，分枝细长；小穗成两行着生于穗轴的一侧，含3～7小花，颖具1脉，第二颖稍长于第一颖；外稃具三脉，无毛或下部被微毛；第一外稃长约1.5毫米，雄蕊3枚。颖果长圆形。种子繁殖。

　　分布与为害：分布于我国各地，生于水边湿地，为广东烟区常见杂草。

　　防除方法：可施用精喹禾灵、敌草隆、扑草净、氟乐灵、拿捕净、稳杀得、禾草克、盖草能。

雀稗

为害程度　**轻度** 中度 重度

Paspalum scrobiculatum

识别特征：多年生草本。秆直立，丛生，高50～100厘米，节被长柔毛。叶鞘具脊，长于节间，被柔毛；叶舌膜质，长0.5～1.5毫米；叶片线形，长10～25厘米，宽5～8毫米，两面被柔毛。总状花序3～6枚，长5～10厘米，互生于长3～8厘米的主轴上，形成总状圆锥花序，分枝腋间具长柔毛；穗轴宽约1毫米；小穗柄长0.5~1毫米；小穗椭圆状倒卵形，长2.6～2.8毫米，宽约2.2毫米，散生微柔毛，顶端圆或微凸；第二颖与第一外稃相等，膜质，具3脉，边缘有明显微柔毛。第二外稃等长于小穗，革质，具光泽。花果期5—10月。

分布与为害：分布于我国南方各地，生于荒野潮湿草地，为广东烟区常见杂草。

防除方法：苗前可施用除草醚、敌草隆、扑草净等土壤处理，苗后施用精喹禾灵、稳杀得、拿捕净等叶面处理。

双蕊鼠尾粟

为害程度　**轻度** 中度 重度

Sporobolus diander

识别特征：多年生草本。须根较粗壮。秆直立，丛生，高30～90厘米，基部径1～2毫米，光滑无毛。叶鞘质较硬，光滑无毛或边缘具极短的纤毛，除基部者外大都短于节间；叶舌极短，呈纤毛状或缺如；叶片线形，多数内卷，下面光滑无毛，上面常无毛，但叶片基部明显疏生柔毛，长5～20厘米，分蘖者长可达30厘米，宽1～3.5毫米，先端渐尖。圆锥花序狭窄，长为植株的1/3～1/2，分枝纤细，光滑无毛，排列间距较长，基部主枝长达7厘米，紧贴主轴或稍开展；小穗深灰绿色，排列较疏，长1.15～2毫米；颖膜质，第一颖甚小，先端钝或呈裂齿状，无脉；第二颖较长，可达1毫米，先端尖或钝，具1不明显中脉；外稃等长于小穗，先端稍尖，具1清晰中脉；内稃较外稃略短；雄蕊常2枚，稀3枚，花药黄色或带紫色，长约0.5毫米。囊果倒卵圆形至长圆形，成熟后红棕色，长约1毫米，果皮遇潮湿易2裂。花果期5—8月。

分布与为害：主要分布于我国西南、华南等地，生于山坡、路旁草地中或海岸、田野上，为广东烟区常见杂草。

防除方法：铲除地下根茎，使用精喹禾灵、扑草净，定向喷施草甘膦。

野稷

为害程度　轻度 中度 重度

Panicummiliaceum var. *ruderale*

识别特征：一年生草本。秆疏，丛生，直立或基部膝曲，高60～125厘米，较粗壮，扁圆形，暴露在叶鞘外面的部分密生长疣毛并常带紫色。叶片条状披针形，两面疏生长疣毛；叶鞘短于节间，密生疣毛；叶舌具小纤毛。圆锥花序宽而疏展，直立，长10～30厘米，穗轴与分枝有角棱，棱下有毛；分枝上疏生小穗，小穗长椭圆形，含2花，仅1花结实；第一颖短小，先端尖；第二颖与小穗等长；籽粒椭圆形，成熟后黑色，有光泽。花果期6—9月，7月以种子繁殖。种子渐次成熟落地，种子经冬季休眠后萌发。

分布与为害：主要分布于我国北方地区，生于旱作物地，以及果园、菜地、路边和休闲地，为广东粤北烟田常见杂草。

防除方法：可施用稀禾定、烯草酮、精喹禾灵。

野燕麦

Avena fatua

为害程度　**轻度** 中度 重度

识别特征：一年生草本，须根较坚韧，秆直立，光滑无毛，高60～120厘米，具2～4节。叶鞘松弛，光滑或基部被微毛；叶舌透明膜质，长1～5毫米；叶片扁平，长10～30厘米，宽4～12毫米，微

粗糙，或上面和边缘疏生柔毛。圆锥花序开展，金字塔形，长10～25厘米，分枝具棱角，粗糙；小穗长18～25毫米，含2～3小花，其柄弯曲下垂，顶端膨胀；小穗轴密生淡棕色或白色硬毛，其节脆硬易断落，第一节间长约3毫米；颖草质，几相等，通常具9脉；外稃质地坚硬，第一外稃长15～20毫米，背面中部以下具淡棕色或白色硬毛，芒自稃体中部稍下处伸出，长2～4厘米，膝曲，芒柱棕色，扭转。颖果

被淡棕色柔毛，腹面具纵沟，长6～8毫米。花果期4—9月。

分布与为害：分布于我国南北各地，生于荒芜田野。

防除方法：可施用三氯烯丹（燕麦畏）、精喹禾灵。

竹叶草

Oplismenus compositus

为害程度 轻度 中度 重度

识别特征：秆较纤细，基部平卧地面，节着地生根，上升部分高20～80厘米。叶鞘短于或上部者长于节间，近无毛或疏生毛；叶片披针形至卵状披针形，基部多少包茎而不对称，长3～8厘米，宽5～20毫米，近无毛或边缘疏生纤毛，具横脉。圆锥花序长5～15厘米，主轴无毛或疏生毛；分枝互生而疏离，长2～6厘米；小穗孪生（有时其中1个小穗退化），稀上部者单生，长约3毫米；颖草质，近等长，长为小穗的1/2～2/3，边缘常被纤毛，第一颖先端芒长0.7～2厘米；第二颖顶端的芒长1～2毫米；第一小花中性，外稃革质，与小穗等长，先端具芒尖，具7～9脉，内稃膜质，狭小或缺；第二外稃革质，平滑，光亮，长约2.5毫米，边缘内卷，包着同质的内稃；鳞片2，薄膜质，折叠；花柱基部分离。花果期9—11月。

分布与为害：分布于我国南方各地，生于海拔130～3700米的疏林下阴湿处，为广东烟区常见杂草。

防除方法：可用稳杀得定向喷雾防除。

三、蓼科

萹蓄

Polygonum aviculare

为害程度　轻度　中度　重度

识别特征：一年生草本。茎自基部分枝，平卧或上升，有时直立，高10～40厘米。成株叶互生，具短柄；叶片狭椭圆形或披针形，全缘；托叶鞘膜质。花1～5朵簇生于叶腋，全露或半露于托叶鞘之外；花被5深裂，淡绿色，边缘白色或红色。幼苗子叶2片，条形，基部合生；初生叶1片，宽披针形，无托叶鞘。瘦果卵状三菱形，深褐色，有不明显的小点，无光泽。花期6—8月，果期9—10月。种子繁殖。

分布与为害：全国各地烟区均有分布，生于农田、渠边、路旁或水边湿地，是我国烟田常见杂草。

防除方法：可用扑草净、绿麦隆、二甲四氯、草甘膦定向喷雾防除。

水蓼（辣蓼）

为害程度　轻度　中度　**重度**

Polygonum hydropiper

识别特征：一年生草本，全株有辣味。茎直立或倾斜，着地生根，高40～80厘米，有分枝，无毛。叶互生，具短柄；叶片披针形，先端渐尖，基部楔形，全缘，通常两面有腺点；托叶鞘筒状，膜质，有睫毛。花序穗状，顶生或腋生，细长，常弯垂，花疏生，下部间断；花被5深裂，淡红色或淡绿色，有腺点；瘦果卵形，暗褐色，稍显3棱。花期初夏，果期秋季。种子繁殖。

分布与为害：分布于我国各地，以中部、南部等地较普遍，生于水边湿地或农田中，广东各烟区均有分布，为烟田优势杂草种，烟稻轮作田尤为严重。

防除方法：土壤处理，烟苗移栽前3～5天喷施二甲戊灵、敌草胺、丙甲草；茎叶处理，草甘膦定向喷雾。

蚕茧蓼

为害程度　轻度 中度 重度

Polygonum japonicum

识别特征： 多年生直立草本，高可达1米。茎棕褐色，单一或分枝，节部通常膨大。叶披针形，长6～12厘米，宽1～1.5厘米，先端渐尖，两面有伏毛及细小腺点，有时无毛，但叶脉及叶缘往往有紧贴刺毛；托叶鞘筒状，外面亦有紧贴刺毛，边缘睫毛较长。穗状花序，长可达10厘米以上；苞片有缘毛，内有花4～6朵，花梗伸出苞外；花被5裂，白色或淡红色，长2.5～6毫米；花柱3个。瘦果卵圆形，两面凸出，长约2毫米，黑色而光滑，全体包于宿存的花被内。花期9～10月。

分布与为害： 分布我国各地，生于水沟或路旁草丛中，为广东烟区常见杂草。

防除方法： 可用扑草净、绿麦隆、二甲四氯、草甘膦定向喷雾防除。

杠板归
Polygonum perfoliatum

为害程度 **轻度** 中度 重度

识别特征：一年生草本。茎攀缘，多分枝，长1～2米，具纵棱，沿棱具稀疏的倒生皮刺。叶三角形，长3～7厘米，宽2～5厘米，顶端钝或微尖，基部截形或微心形，薄纸质，上面无毛，下面沿叶脉疏生皮刺；叶柄与叶片近等长，具倒生皮刺，盾状着生于叶片的近基部；托叶鞘叶状，草质，绿色，圆形或近圆形，穿叶，直径1.5～3厘米。总状花序呈短穗状，不分枝顶生或腋生，长1～3厘米；苞片卵圆形，每苞片内具花2～4朵；花被5深裂，白色或淡红色，花被片椭圆形，长约3毫米，果时增大，呈肉质，深蓝色；雄蕊8枚，略短于花被；花柱3个，中上部合生；柱头头状。瘦果球形，直径3～4毫米，黑色，有光泽，包于宿存花被内。花期6—8月，果期7—10月。

分布与为害：分布于我国各地，生田边、路旁、山谷湿地，为广东烟区常见杂草。

防除方法：可用二甲四氯、敌草隆、西玛津、草甘膦定向喷雾防除。

红蓼

为害程度　轻度 **中度** 重度

Polygonum orientale

识别特征：一年生草本植物，茎直立，粗壮，高1～2米，上部多分枝，密被开展的长柔毛。叶宽卵形、宽椭圆形或卵状披针形，长10～20厘米，宽5～12厘米，顶端渐尖，基部圆形或近心形，微下延，边缘全缘，密生缘毛，两面密生短柔毛，叶脉上密生长柔毛；叶柄长2～10厘米，具开展的长柔毛；托叶鞘筒状，膜质，长1～2厘米，被长柔毛，具长缘毛，通常沿顶端具草质、绿色的翅。总状花序呈穗状，顶生或腋生，长3～7厘米，花紧密，微下垂，通常数个再组成圆锥状；苞片宽漏斗状，长3～5毫米，草质，绿色，被短柔毛，边缘具长缘毛，每苞内具3～5花；花梗比苞片长；花被5深裂，淡红色或白色；花被片椭圆形，长3～4毫米；雄蕊7枚，比花被长；花盘明显；花柱2个，中下部合生，比花被长，柱头头状。瘦果近圆形，双凹，直径长3～3.5毫米，黑褐色，有光泽，包于宿存花被内。花期6—9月，果期8—10月。

分布与为害：分布于我国各地，生于沟边湿地、村边路旁、田间空旷地，为广东烟区常见杂草。

防除方法：可用二甲四氯、草甘膦定向喷雾防除。

火炭母

为害程度 轻度 中度 重度

Polygonum chinense

识别特征：多年生草本。茎近直立或蜿蜒状，高达1米，茎圆柱形，略具棱沟，光滑或被疏毛或腺毛，斜卧地面或依附而生，下部质坚实，多分枝，匍地者节处生根，嫩枝紫红色。叶互生，卵状长椭圆形或卵状三角形，长7～12厘米，宽2.5～6厘米；顶端渐尖，基部截形、矩圆形或近心形，全缘或具细圆齿。上表面鲜绿色或有"V"形黑纹；下表面主脉有毛；具柄。基部两侧常具2耳状裂片；托叶膜质，鞘状，顶部斜截形，无毛。秋季开花，头状花序，再组成圆锥或伞房花序，腋生，主轴和分枝均被腺毛；无总苞，苞片膜质，无毛，通常急尖；小花白色、淡红色或紫色；花被5深裂；雄蕊8枚，子房上位，花柱3裂。瘦果初为三角形，成熟时球形，黑色，具3棱，全部包藏于多汁、透明、白色或蓝色的宿存花被内。花期9月。

分布与为害：分布于陕西南部、甘肃南部，以及我国华东、华中、华南、西南等地，生于山谷湿地、山坡草地、田间和空旷地，为广东烟区常见杂草。

防除方法：可用二甲四氯、草甘膦定向喷雾防除。

箭叶蓼

为害程度 轻度 中度 重度

Polygonum sieboldii

识别特征：一年生草本。茎基部外倾，上部近直立，有分枝，无毛，四棱形，沿棱具倒生皮刺。叶宽披针形或长圆形，长 2.5 ~ 8 厘米，宽 1 ~ 2.5 厘米，顶端急尖，基部箭形，上面绿色，下面淡绿色，两面无毛，下面沿中脉具倒生短皮刺，边缘全缘，无缘毛；叶柄长 1 ~ 2厘米，具倒生皮刺；托叶鞘膜质，偏斜，无缘毛，长 0.5 ~ 1.3 厘米。花序头状，通常成对，顶生或腋生，花序梗细长，疏生短皮刺；苞片椭圆形，顶端急尖，背部绿色，边缘膜质，每苞内具 2 ~ 3 花；花梗短，长 1 ~ 1.5 毫米，比苞片短；花被 5 深裂，白色或淡紫红色，花被片长圆形，长约 3 毫米；雄蕊 8 枚，比花被短；花柱 3 个，中下部合生。瘦果宽卵形，具 3 棱，黑色，无光泽，长约 2.5 毫米，包于宿存花被内。花期 6—9 月，果期 8—10 月。

分布与为害：分布于我国各地，生于山谷、沟旁、水边，为广东烟区常见杂草。

防除方法：可用二甲四氯、敌草隆、西玛津、草甘膦定向喷雾防除。

尼泊尔蓼

为害程度　轻度 **中度** 重度

Polygonum nepalense

识别特征：一年生草本。花序头状，顶生或腋生，基部常具一叶状总苞片，花序梗细长，上部具腺毛；苞片卵状椭圆形，通常无毛，边缘膜质，每苞内具 1 花；花梗比苞片短；花被通常 4 裂，淡紫红色或白色，花被片长圆形，长 2 ~ 3 毫米，顶端圆钝；雄蕊 5 ~ 6 枚，与花被近等长，花药暗紫色；花柱 2 个，下部合生，柱头头状。瘦果宽卵形，双凸镜状，长 2 ~ 2.5 毫米，黑色，密生洼点，无光泽，包于宿存花被内。花期 5—8 月，果期 7—10 月。

分布与为害：分布于我国各地，生于水边、田边、路旁湿地、林下、疏林草地，为广东烟区常见杂草。

防除方法：可用二甲四氯、苯达松、草甘膦定向喷雾防除。

酸模叶蓼

Polygonum lapathifolium

为害程度　轻度 中度 重度

识别特征：一年生草本。叶互生，有柄；叶片披针形至宽披针形，叶上无毛，全缘，边缘具粗硬毛，叶面上常具新月形黑褐色斑块；托叶鞘筒状。花序穗状，顶生或腋生，数个排列成圆锥状；花被浅红色或白色，4 深裂，多次开花结实，4—5 月出苗。瘦果卵圆形，黑褐色。种子繁殖。

分布与为害：分布于我国各地，生于低湿地或水边，为广东烟区常见杂草。

防除方法：早春可用二甲四氯、苯达松、草甘膦定向喷雾防除。

桃叶蓼

为害程度　轻度 **中度** 重度

Polygonum persicaria

部伏地生根，高20～80厘米，具短柄。叶片披针形，先端渐尖，基部渐狭，全缘；托叶鞘细圆筒形，紧贴茎，常有绒毛，先端截形，具睫毛。穗状花序顶生或腋生；花被5深裂，粉红色。种子繁殖。

分布与为害：分布于我国各地，生于低湿地、河湖岸边或沟渠边，为广东烟区常见杂草。

防除方法：可用二甲四氯、草甘膦定向喷雾防除。

羊蹄酸模

为害程度　轻度 **中度** 重度

Rumex japonicus

　　识别特征：多年生草本。茎直立，高70～120厘米，粗壮，上部有纵沟。基生叶较大卵状披针形或阔披针形，上面有皱褶，叶柄较长，光滑无毛，叶缘为波状齿缘；茎生叶披针形，近全缘，有短柄，基部膨大，顶部叶小，近无柄，托叶鞘膜质，管状，易破，边缘裂片不规则白色。大型圆锥花序，由总状花序组成，花小形，花被6枚，广卵圆形，黄绿色。小坚果卵状三棱形，棕褐色，有光泽。花期7月。

　　分布与为害：分布于我国各地，生于岸边湿地、田边和空旷地，为广东烟区常见杂草。

　　防除方法：可用二甲四氯、苯达松、草甘膦定向喷雾防除。

腋花蓼

为害程度　轻度 **中度** 重度

Polygonum plebeium

识别特征：一年生草本。茎
平卧，自基部分枝，长15～40厘
米，具纵棱，沿棱具小突起，通常
小枝的节间比叶片短。叶狭椭圆形
或倒披针形，长0.5～1.5厘米，宽
2～4毫米，顶端钝或急尖，基部狭
楔形，两面无毛，侧脉不明显；叶柄极短或近无柄；托叶鞘膜质，白
色，透明，长2.5～3毫米，顶端撕裂。花3～6朵，簇生于叶腋，遍布
于全植株；苞片膜质；花梗中部具关节，比苞片短；花被5深裂；花
被片长椭圆形，绿色，背部稍隆起，边缘白色或淡红色，长1～1.5毫
米；雄蕊5枚，花丝基部稍扩展，比花被短；花柱3个，稀2个，极短，
柱头头状。瘦果宽卵形，具3锐棱或双凸镜状，长1.5～2毫米，黑褐
色，平滑，有光泽，包于宿存花被内。花期5—8个月，果期6—9月。

分布与为害：除西藏外，基本分布于我国各地，生于田边、荒地、
路旁、水边湿地，为广东烟区常见杂草。

防除方法：可用二甲四氯、草甘膦定向喷雾防除。

皱叶酸模

为害程度 轻度 中度 重度

Rumex crispus

识别特征： 多年生草本，高50～100厘米。直根，粗壮。茎直立，有浅沟槽，通常不分枝，无毛。根生叶有长柄；叶片披针形或长圆状披针形，两面无毛，顶端和基部都渐狭，边缘有波状皱褶；茎上部叶小，有短柄；托叶鞘，铜状，膜质。花序由数个腋生的总状花序组成圆锥状，顶生，狭长，长达60厘米；花两性，多数；花被片6枚，排成2轮，内轮花被片在果时增大，宽，顶端钝或急尖，基部心形，全缘或有不明显的齿，有网纹，长达5毫米，通常都有瘤状突起为卵形，大小不一；雄蕊6枚；柱头3，画笔状。瘦果椭圆形，褐色，有光泽。花期6—7月，果期7—8月。

分布与为害： 分布于我国各地，生于田边、路旁、湿地或水边，为广东烟区常见杂草。

防除方法： 可用二甲四氯、苯达松、草甘膦定向喷雾防除。

四、莎草科

 香附子 　　　　　　　　　为害程度　轻度 **中度** 重度

Cyperus rotundus

识别特征: 多年生草本，茎直立，三棱形，高 20 ～ 95 厘米。有匍匐根状茎和块根。花序复穗状，3 ～ 6 个在茎顶排成伞状，基部有叶片状的总苞 2 ～ 4 片，与花序几等长或长于花序；小穗宽线形，略扁平，长 1 ～ 3 厘米，宽约 1.5 毫米；颖 2 列，排列紧密，卵形至长圆卵形，长约 3 毫米，膜质，两侧紫红色，有数脉；每颗着生 1 朵花，雄蕊 3 枚，柱头 3。叶丛生于茎基部，叶鞘闭合包于上，叶片窄线形，长 20 ～ 60 厘米，宽 2 ～ 5 毫米，先端尖，全缘，具平行脉，主脉于背面隆起，质硬。小坚果长圆倒卵形，三棱状。花期 6—8 月，果期 7—11 月。

分布与为害: 分布于河北、陕西、广东、云南等地，主要为害烟稻轮作田，是南方烟区的重要杂草。

防除方法: 可用苄嘧磺隆、丁草胺、二甲四氯等定向喷雾防除。

单穗水蜈蚣

Kyllinga monocephala

为害程度　**轻度** 中度 重度

识别特征：多年生草本。根茎匍匐。茎散生或疏丛生，细弱，扁锐三棱形，秃净，高10～40厘米。叶狭线形，长达15厘米或更长，宽1.5～2.5毫米，边缘具疏锯齿；叶鞘短、褐色，或具紫褐色斑点，最下面的叶鞘无叶片。头状花序单生，圆卵形或球形，白色，长6～9毫米；苞片3～4枚，叶状，较花序为长；小穗多数，呈倒卵形或披针状长圆形，顶端渐尖，压扁，长约2.5毫米，具花1朵；花颖具小尖头，沿脊中部以上有半月形、鸡冠状、有红点的翅。雄蕊3枚；花柱细长。坚果倒卵形，较扁，长达1.5毫米，棕色。抽穗期5—8月。

分布与为害：分布于福建、广东、海南、广西、贵州、云南等地，生于山坡、林下、沟边、田边、近水处及旷野潮湿处，为广东烟区常见杂草。

防除方法：可用苄嘧磺隆、丁草胺、二甲四氯等定向喷雾防除。

畦畔莎草

为害程度 轻度 中度 重度

Cyperus haspan

识别特征： 一年生或多年生草本。成株具
短缩或细长的根状茎或无。秆丛生或散生，
稍纤细，高 10 ~ 60 厘米，三棱形。叶片
线形，两边内卷，中间具沟，短于秆。花
和籽实苞片 2 ~ 3，叶状，常较花序短或
等长。长侧枝聚伞花序简单或复出，有 8 ~ 12
个细长的辐射枝，顶端有时具数个 2 级辐射枝。

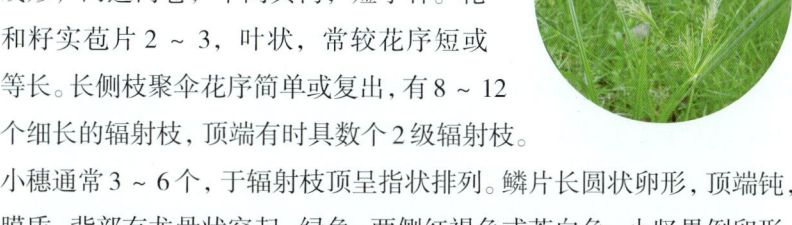

小穗通常 3 ~ 6 个，于辐射枝顶呈指状排列。鳞片长圆状卵形，顶端钝，
膜质，背部有龙骨状突起，绿色，两侧红褐色或苍白色。小坚果倒卵形，
有 3 棱，淡黄色。花果期 7—11 月。种子及根状茎繁殖。

分布与为害： 分布于我国南方各地，生于水田或浅水塘等多水的
地方，山坡上亦能见到，为广东烟区常见杂草。

防除方法： 可用苄嘧磺隆、丁草胺、二甲四氯等定向喷雾防除。

碎米莎草

Cyperus iria

为害程度　轻度 **中度** 重度

识别特征： 一年生草本。秆丛生，高8～85厘米，扁三棱形。叶片长线形，短于秆，宽3～5毫米，叶鞘红棕色。叶状苞片3～5枚；长侧枝聚伞花序复出，辐射枝4～9枚，长达12厘米，每辐射枝具5～10个穗状花序；穗状花序长1～4厘米，具小穗5～22个；小穗排列疏松，长圆形至线状披针形，压扁，长4～10毫米，具花6～22朵，鳞片排列疏松，膜质，宽倒卵形，先端微缺，具短尖，有脉3～6条；雄蕊3枚；花柱短，柱头3个。小坚果倒卵形或椭圆形，三棱形，褐色。花果期6—10月。

分布与为害： 分布于我国大部分地区，生于田间、山坡、路旁阴湿处，为广东烟区恶性杂草。

防除方法： 可选择40%"直播青"可湿性粉剂、10%千金乳剂或10%水星可湿性粉剂加20%二甲四氯水剂混用，48%苯达松水剂加20%二甲四氯水剂混用，采用定向喷雾防除。

夏飘拂草

Fimbristylis aestivalis

为害程度 **轻度** 中度 重度

识别特征：一年生草本，秆密丛生，纤细，高3～12厘米，扁三棱形。基生叶少数，叶片丝状，被疏柔毛；叶鞘短，棕色，外被长柔毛。苞片3～5，丝状，被疏硬毛。长侧枝聚伞花序复出，有3～7个辐射枝；小穗单生于一级或二级辐射枝顶端，卵形、长圆状卵形或披针形，多花，鳞片螺旋状排列，膜质，卵形或长圆形，顶端圆，有短尖，红棕色，背面具绿色龙骨状突起，有3脉。小坚果倒卵形，双凸状，黄色，近无柄，表面光滑或有时具不明显的六角状的网纹。花果期5—10月。种子繁殖。

分布与为害：分布于我国华南、西南等地，生于湿地、池边及沟边，广东主要为害水稻与烟草轮作田，为常见杂草。

防除方法：施用40%"直播青"可湿性粉剂，10%水星可湿性粉剂加20%二甲四氯水剂150毫升混用和48%苯达松水剂加20%二甲四氯水剂混用，定向喷雾。

异型莎草

Cyperus difformis

为害程度　轻度 中度 重度

识别特征： 一年生草本。秆丛生，高2～65厘米，扁三棱形。叶线形，短于秆，宽2～6毫米；叶鞘褐色；苞片2～3枚，叶状，长于花序。长侧枝聚伞花序简单，少数复出；辐射枝3～9条，长短不等；头状花序球形，具极多数小穗，直径5～15毫米；小穗披针形或线形，长2～8毫米，具花2～28朵：鳞片排列稍松，膜质，近于扁圆形，长不及1毫米，顶端圆，中间淡黄色，两侧深红紫色或栗色，边缘白色；雄蕊2枚，有时1枚；花柱极短，柱头3个。小坚果倒卵状椭圆形、三棱形，淡黄色。花果期7—10月。

分布与为害： 分布于我国大部分地区，生于稻田或水边潮湿处，为广东烟区低洼潮湿烟田的恶性杂草。

防除方法： 用40%"直播青"可湿性粉剂，10%千金乳剂10%水星可湿性粉剂20克加20%二甲四氯水剂混用，48%苯达松水剂加20%二甲四氯水剂混用，采用定向法喷雾。

五、苋科

刺苋　　　　　为害程度　轻度 中度 重度

Amaranthus spinosus

识别特征： 一年生草本，高30 ~ 100厘米。茎直立，圆柱形或钝棱形，多分枝，有纵条纹，绿色或带紫色，无毛或稍有柔毛。叶片菱状卵形或卵状披针形，长3 ~ 12厘米，宽1 ~ 5.5厘米，顶端圆钝，具微凸头，基部楔形，全缘，无毛或幼时沿叶脉稍有柔毛；叶柄长1 ~ 8厘米，无毛，在其旁有2刺，刺长5 ~ 10毫米。圆锥花序腋生及顶生，长3 ~ 25厘米，下部顶生花穗常全部为雄花；苞片在腋生花簇及顶生花穗的基部者变成尖锐直刺，长5 ~ 15毫米，在顶生穗的上部者狭披针形，长1.5毫米，顶端急尖，具凸尖，中脉绿色；小苞片狭披针形，长约1.5毫米；花被片绿色，顶端急尖，具凸尖，边缘透明，中脉绿色或带紫色，在雄花者矩圆形，长2 ~ 2.5毫米，在雌花者矩圆状匙形，长1.5毫米；雄蕊花丝略和花被片等长或较短；柱头3枚，有时2枚。胞果矩圆形，长1 ~ 1.2毫米，在中部以下不规则横裂，包裹在宿存花被片内。种子近球形，直径约1毫米，黑色或带棕黑色。花果期7—11月。

分布与为害： 分布于我国大部分地区，喜生于草丛、荒地、开阔地、山坡等。

防除方法： 可用二甲四氯、草甘膦定向喷雾防除。

反枝苋

为害程度　轻度　中度　重度

Amaranthus retroflexus

识别特征：一年生草本，高 20 ~ 80 厘米，有时达 1 米多。茎直立、粗壮、单一或分枝，淡绿色，有时具带紫色条纹，稍具钝棱，密生短柔毛。叶片菱状卵形或椭圆状卵形，长 5 ~ 12 厘米，宽 2 ~ 5 厘米，顶端锐尖或尖凹，有小凸尖，基部楔形，全缘或波状缘，两面及边缘有柔毛，下面毛较密；叶柄长 1.5 ~ 5.5 厘米，淡绿色，有时淡紫色，有柔毛。圆锥花序顶生及腋生，直立，直径

2 ~ 4 厘米，由多数穗状花序形成，顶生花穗较侧生者长；苞片及小苞片钻形，长 4 ~ 6 毫米，白色，背面有 1 龙骨状突起，伸出顶端成白色尖芒；花被片矩圆形或矩圆状倒卵形，长 2 ~ 2.5 毫米，薄膜质，白色，有 1 淡绿色细中脉，顶端急尖或尖凹，具凸尖；雄蕊比花被片稍长；柱头 3 枚，有时 2 枚。胞果扁卵形，长约 1.5 毫米，环状横裂，薄膜质，淡绿色，包裹在宿存花被片内。种子近球形，直径 1 毫米，棕色或黑色，边缘钝。花期 7—8 月，果期 8—9 月。

分布与为害：主要分布于我国华北、东北、西北、华东、华中、华南等地，以及贵州、云南等地，广东烟田主要杂草。

防除方法：可用二甲四氯、草甘膦定向喷雾防除。

空心莲子草

Alternanthera philoxeroides

为害程度　轻度　中度　**重度**

识别特征：多年生草本。茎基部匍匐，上部上升，管状，不明显4棱，长55～120厘米，具分枝，幼茎及叶腋有白色或锈色柔毛，茎老时无毛，仅在两侧纵沟内保留。叶片矩圆形、矩圆状倒卵形或倒卵状披针形，长2.5～5厘米，宽7～20毫米，顶端急尖或圆钝，具短尖，基部渐狭，全缘，两面无毛或上面有贴生毛及缘毛，下面有颗粒状突起；叶柄长3～10毫米，无毛或微有柔毛。花密生，成具总花梗的头状花序，单生在叶腋，球形，直径8～15毫米；苞片及小苞片白色，顶端渐尖，具1脉；苞片卵形，长2～2.5毫米，小苞片披针形，长2毫米；花被片矩圆形，长5～6毫米，白色，光亮，无毛，顶端急尖，背部侧扁；雄蕊花丝长2.5～3毫米，基部连合成杯状；退化雄蕊矩圆状条形，和雄蕊约等长，顶端裂成窄条；子房倒卵形，具短柄，背面侧扁，顶端圆形。果实未见。花期5—10月。

分布与为害：我国各地均有分布，为广东烟区水烟轮作为害严重的杂草。

防除方法：可用二甲四氯、草甘膦定向喷雾防除。

莲子草

Alternanthera philoxeroides

为害程度　轻度 **中度** 重度

识别特征：一年生草本。茎细长，上升或匍匐，有两行纵列的白色柔毛，节上密被柔毛。叶对生，椭圆状披针形或披针形，长2~8厘米，先端急尖或钝，基部渐狭成短叶柄，全缘或中部呈波状。头状花序腋生，长0.5~1厘米；每花有苞片5枚，披针形，干膜质；花密集，花被5枚，白色，干膜质；雄蕊通常3枚，不育雄蕊三角状钻形，花丝基部合生成杯状；雌蕊1枚，心皮1枚，柱头头状。胞果倒卵形，稍扁平，两侧有狭翅。花期5月，果期7月。

分布与为害：我国各地均有分布，为广东烟区常见杂草。

防除方法：可用二甲四氯、草甘膦定向喷雾防除。

牛膝

为害程度 轻度 中度 重度

Achyranthes bidentata

识别特征：多年生草本，高70～120厘米。根圆柱形，直径5～10毫米，土黄色。茎呈棱角或四方形，绿色或带紫色，有白色贴生或开展柔毛，或近无毛，分枝对生，节膨大。单叶对生；叶柄长5～30毫米；叶片膜质，椭圆形或椭圆状披针形，长5～12厘米，宽2～6厘米，先端渐尖，基部宽楔形，全缘，两面被柔毛。穗状花序顶生或腋生，长3～5厘米，花期后反折；总花梗长1～2厘米，有白色柔毛；花多数，密生，长5毫米；苞片宽卵形，长2～3毫米，先端长渐尖；小苞片刺状，长2.5～3毫米，先端弯曲，基部两侧各有一卵形膜质小裂片，长约1毫米；花被片披针形，长3～5毫米，光亮，先端急尖，有一中脉；雄蕊长2～2.5毫米，退化雄蕊先端平圆，稍有缺刻状细锯齿。胞果长圆形，长2～2.5毫米，黄褐色，光滑。种子长圆形，长1毫米，黄褐色。花期7—9月，果期9—10月。

分布与为害：除东北地区外，基本分布于我国各地，生于屋旁、林缘、山坡草丛中，为广东烟区常见杂草。

防除方法：可用二甲四氯、草甘膦定向喷雾防除。

土牛膝

Achyranthes aspera

为害程度　轻度　中度　重度

识别特征： 多年生草本，高20～120厘米。根细长，直径3～5毫米，土黄色。茎四棱形，植株有柔毛，节部稍膨大，分枝对生。叶片纸质，宽卵状倒卵形或椭圆状矩圆形，长1.5～7厘米，宽0.4～4厘米，顶端圆钝，具突尖，基部楔形或圆形，全缘或波状缘，两面密生柔毛，或近无毛；叶柄长5～15毫米，密生柔毛或近无毛。穗状花序顶生，直立，长10～30厘米。花期后反折；总花梗具棱角，粗壮，坚硬，密生白色伏贴或开展柔毛；花长3～4毫米，疏生；苞片披针形，长3～4毫米，顶端长渐尖，小苞片刺状，长2.5～4.5毫米，坚硬，光亮，常带紫色，基部两侧各有1个薄膜质翅，长1.5～2毫米，全缘，全部贴生在刺部，但易于分离；花被片披针形，长3.5～5毫米，长渐尖，花后变硬且锐尖，具1脉；雄蕊长2.5～3.5毫米；退化雄蕊顶端截状或细圆齿状，有具分枝流苏状长缘毛。胞果卵形，长2.5～3毫米。种子卵形，不扁压，长约2毫米，棕色。花期6—8月，果期10月。

分布与为害： 分布于我国南方各地，生于山坡疏林或村庄附近空旷地。

防除方法： 可用二甲四氯、草甘膦定向喷雾防除。

青箱

Celosia argentea

为害程度　轻度 中度 重度

识别特征: 一年生草本, 高 60 ~ 100 厘米, 全株无毛。叶互生, 披针形或椭圆状披针形, 长 5 ~ 8 厘米, 宽 1 ~ 3 厘米, 顶端长尖, 全缘, 基部渐狭成柄。穗状花序顶生; 花初开时淡红色, 后变白色, 每花有膜质苞片 3 枚; 花被片 5 枚, 披针形, 干膜质, 透明, 白色或粉红色, 有光泽; 子房长圆形, 花柱红色, 柱头 2 裂。胞果球形; 种子扁圆形, 黑色, 有光泽。花期 6—9 月, 果期 8—10 月。

分布与为害: 分布于我国各地, 生于田间、山坡、荒地上, 为广东烟区常见杂草。

防除方法: 可用二甲四氯、草甘膦定向喷雾防除。

六、伞形科

 铜钱草　　　　　　　　　　为害程度　轻度 中度 重度

Lysimachia christinae

　　识别特征：株高 5 ~ 15 厘米，茎细长，节处生根，茎顶端呈褐色。叶圆形或肾形，背面密被贴生丁字形毛，全缘。沉水叶具长柄，圆盾形，直径 2 ~ 4 厘米，缘波状，草绿色。花两性；伞形花序，小花白粉色。花期 6—8 月。蒴果近球形。

　　分布与为害：分布于我国长江以南各地，生于路边或者山坡边的草丛里，为广东部分烟田的杂草。

　　防除方法：可用草甘膦定向喷雾防除。

积雪草

Centella asiatica

为害程度 <mark>轻度</mark> 中度 重度

识别特征： 多年生草本，茎匍匐，细长，节上生根。叶片膜质至草质，圆形、肾形或马蹄形，长1～2.8厘米，宽1.5～5厘米，边缘有钝锯齿，基部阔心形，两面无毛或在背面脉上疏生柔毛；掌状脉5～7，两面隆起，脉上部分叉；叶柄长1.5～27厘米，无毛或上部有柔毛，基部叶鞘透明，膜质。伞形花序梗2～4个，聚生于叶腋，长0.2～1.5厘米，有或无毛；苞片通常2枚，很少3枚，卵形，膜质，长3～4毫米，宽2.1～3毫米；每一伞形花序有花3～4朵，聚集呈头状，花无柄或有1毫米长的短柄；花瓣卵形，紫红色或乳白色，膜质，长1.2～1.5毫米，宽1.1～1.2毫米；花柱长约0.6毫米；花丝短于花瓣，与花柱等长。果实两侧扁压，圆球形，基部心形至平截形，长2.1～3毫米，宽2.2～3.6毫米，每侧有纵棱数条，棱间有明显的小横脉，网状，表面有毛或平滑。花果期4—10月。

分布与为害： 我国各地除甘肃、青海、新疆、西藏外，均有分布，生于疏林下、草地上或溪边等阴湿处，为广东烟区常见杂草。

防除方法： 可用草甘膦定向喷雾防除。

水芹

为害程度　轻度　中度　重度

Oenanthe javanica

识别特征： 多年水生宿根草本，高15～80厘米，茎直立或基部匍匐。基生叶有柄，柄长达10厘米，基部有叶鞘；叶片轮廓三角形，1～3回羽状分裂，末回裂片卵形至菱状披针形，长2～5厘米，宽1～2厘米，边缘有牙齿或圆齿状锯齿；茎上部叶无柄，裂片和基生叶的裂片相似，较小。复伞形花序顶生，花序梗长2～16厘米；无总苞；伞辐6～16厘米，不等长，长1～3厘米，直立和展开；小总苞片2～8枚，线形，长2～4毫米；小伞形花序有花20余朵，花柄长2～4毫米；萼齿线状披针形，长与花柱基相等；花瓣白色，倒卵形，长1毫米，宽0.7毫米，有一长而内折的小舌片；花柱基圆锥形，花柱直立或两侧分开，长2毫米。果实近于四角状椭圆形或筒状长圆形，长2.5～3毫米，宽2毫米，侧棱较背棱和中棱隆起，木栓质，分生果横剖面近于五边状的半圆形；每棱槽内油管1条，合生面油管2条。花期6—7月，果期8—9月。

分布与为害： 分布于我国大部分地区，生于河沟、水田旁，为广东烟区常见杂草。

防除方法： 可用二甲四氯、草甘膦定向喷雾防除。

七、大戟科

铁苋菜

为害程度　轻度　中度　**重度**

Acalypha australis

识别特征：一年生草本，高0.2～0.5米。小枝细长，被贴毛柔毛，毛逐渐稀疏。叶膜质，长卵形、近菱状卵形或阔披针形，长3～9厘米，宽1～5厘米，顶端短渐尖，基部楔形，稀圆钝，边缘具圆锯齿，上面无毛，下面沿中脉具柔毛；基出脉3条，侧脉3对；叶柄长2～6厘米，具短柔毛；托叶披针形，长1.5～2毫米，具短柔毛。雌雄花同序，花序腋生，稀顶生，长1.5～5厘米，花序梗长0.5～3厘米，花序轴具短毛，雌花苞片1～2（～4）枚，卵状心形，花后增大，长1.4～2.5厘米，宽1～2厘米，边缘具三角形齿，外面沿掌状脉具疏柔

毛，苞腋具雌花1~3朵；花梗无；雄花生于花序上部，排列成穗状或头状，雄花苞片卵形，长约0.5毫米，苞腋具雄花5~7朵，簇生；花梗长0.5毫米；雄花：花蕾时近球形，无毛，花萼裂片4枚，卵形，长约0.5毫米；雄蕊7~8枚；雌花：萼片3枚，长卵形，长0.5~1毫米，具疏毛；子房具疏毛，花柱3枚，长约2毫米，撕裂5~7条。蒴果直径4毫米，具3个分果爿，果皮具疏生毛和毛基变厚的小瘤体；种子近卵状，长1.5~2毫米，种皮平滑，假种阜细长。花果期4—12月。

分布与为害：我国几乎都有分布，多生于山坡、沟边、路旁、田野，为广东烟田优势杂草种群。

防除方法：可用敌草隆、西玛津、扑草净苗前处理，也可用2,4-D、草甘膦定向喷雾防除。

黄珠子草

Phyllanthus virgatus

为害程度　<mark>轻度</mark> 中度 重度

识别特征：一年生草本，高约40厘米，秃净。茎基部木质化，表面带紫色，叶互生，2列，线状长圆形，长1.3～2.5厘米，宽3～5毫米，先端急尖，基部近圆钝，全缘；叶柄短，长不及1毫米，托叶2枚，卵状披针形，褐红色。花小，单性同株，单生或簇生于叶腋；雄花具短柄，萼片6枚，两轮，矩圆形，内轮较外轮大，黄绿色；花瓣缺如；雄蕊3

枚，花药2室，蜜腺6枚；雌花具柄，长约1毫米，花后伸长，萼6裂，裂片矩圆形，长约1毫米，反展；子房3室，有3条纵槽和小疣状突起，花柱3枚，柱头2裂。蒴果球形，紫红色，平滑，3裂。种子褐棕色。花期9—10月，果期10—11月。

分布与为害：主要分布于广东、广西等地，生于田野湿润处，为广东烟区常见杂草。

防除方法：可用敌草隆、西玛津、扑草净苗前处理，也可用2,4-D、草甘膦定向喷雾防除。

飞扬草

为害程度　轻度　中度　重度

Euphorbia hirta

识别特征：一年生草本，高 20 ~ 50 厘米，全体有乳汁。茎基部膝曲状向上斜升，近基部分枝，枝被粗毛，在上部的毛更密。杯状聚伞花序再排成紧密的腋生头状花序；总苞钟状。叶为单叶，对生，披针状长圆形或长圆状卵形，长 1 ~ 3 厘米，宽 0.5 ~ 1.3 厘米，顶端急尖或钝，基部偏斜，不对称，边缘有细锯齿，稀全缘，两面被柔毛，背面及沿脉上的毛较密，叶柄长 1 ~ 2 毫米，托叶膜质。蒴果卵状三棱形，长 1.5 毫米，被贴伏的柔毛。种子卵状四棱形，每面有明显的横沟。

分布与为害：分布于广东、广西、云南、江西、湖南、福建等烟区，为旱播地沙质土常见杂草。

防除方法：可用敌草隆、西玛津、扑草净苗前处理，也可用 2,4-D 定向喷雾防除。

甘遂

Euphorbia kansui

为害程度 轻度 中度 重度

识别特征：多年生草本，高25～40厘米。根细长，弯曲，中段及末端常有串珠状、指状或长椭圆状块根，外表棕褐色。茎常从基部分枝，下部带紫红色，上部淡绿色。叶互生；无柄；叶片线状披针形及狭披针形，长2～9厘米，宽4～10毫米，先端钝，基部楔形，全缘。杯状聚伞花序顶生，伞梗5～9，基部轮生叶长圆形或狭卵形，长1.5～2厘米，宽8～9毫米；每伞梗常再次分叉，细弱，长2～4厘米；苞叶1对，三角状卵形，长5～9毫米，全缘。总苞陀螺形，长约2毫米，先端4裂，裂片卵状三角形，边缘具白毛，腺体4枚，新月形，黄色，两端有角，生于裂片之间的外缘；雄花8～13朵，每花具雄蕊1枚；雌花1朵，位于雄花中央，花柱3枚，分离，柱头2裂。蒴果近球形，无毛，灰褐色，长约2毫米。

分布与为害：分布于我国甘肃、山西、陕西、宁夏、河南等地，广东粤北烟区有零星分布，多生在低山坡、荒坡、沙地、田边和路旁等。

防除方法：可用敌草隆、西玛津、扑草净苗前处理，也可用2,4–D 定向喷雾防除。

地锦草

Euphorbia humifusa

为害程度 **轻度** 中度 重度

识别特征： 一年生匍匐草本。茎纤细，近基部二歧分枝，带紫红色，无毛，质脆，易折断，断面黄白色，中空。叶对生；叶柄极短或无柄；托叶线形，通常三裂。叶片长圆形，长4~10毫米，宽4~6毫米，先端钝圆，基部偏狭，边缘有细齿，两面无毛或疏生柔毛，绿色或淡红色。杯状花序单生于叶腋；总苞倒圆锥形，浅红色，顶端4裂，裂片长三角形；腺体4枚，长圆形，有白色花瓣状附属物；子房3室；花柱3枚，2裂。蒴果三棱状球形，光滑无毛；种子卵形，黑褐色，外被白色蜡粉，长约1.2毫米，宽约0.7毫米。花果期6—10月。

分布与为害： 分布于我国各地，生于荒地、田间，为广东烟区常见杂草。

防除方法： 可用扑草净、敌草隆、绿麦隆定向喷雾防除。

八、十字花科

 **荠菜**　　　　　为害程度　**轻度** 中度 重度

Capsella bursa-pastoris

识别特征： 一年生或二年生草本，高20～50厘米。茎直立，有分枝，稍有分枝毛或单毛。基生叶丛生，呈莲座状，具长叶柄，达5～40厘米；叶片大头羽状分裂，长可达12厘米，宽可达2.5厘米，顶生裂片较大，卵形至长卵形，长5～30毫米，侧生者宽2～20毫米，裂片3～8对，较小，狭长，开展，卵形，基部平截，具白色边缘，十字花冠。总状花序。四强雄蕊。短角果扁平。花瓣倒卵形，呈圆形至卵形，先端渐尖，浅裂或具有不规则粗锯齿；茎生叶狭被外形，长1～2厘米，宽2～15毫米，基部箭形抱茎，边缘有缺刻或锯齿，两面有细毛或无毛。总状花序顶生或腋生，果期延长达20厘米；萼片长圆形；花瓣白色，匙形或卵形，长2～3毫米，有短爪。短角果，倒卵状三角形或倒心状三角形，长5～8毫米，宽4～7毫米，扁平，无毛，先端稍凹，裂瓣具网脉，花柱长约0.5毫米。种子2行，呈椭圆形，浅褐色。花果期4—6月。

分布与为害： 分布于我国各地，广东主要分布于粤北地区，为烟区常见杂草。

防除方法： 可用二甲四氯、草甘膦定向喷雾防除。

蔊菜

Rorippa indica

识别特征: 一年生草本, 高达50厘米, 基部有毛或无毛。茎直立或斜升, 分枝, 有纵条纹, 有时带紫色。叶形变化大, 基生叶和茎下部叶有柄, 柄基部扩大呈耳状抱茎, 叶片卵形或大头状羽裂, 边缘有浅齿裂或近于全缘; 茎上部叶向上渐小, 多不分裂, 基部抱茎, 边缘有不整齐细牙齿。花小、黄色; 萼片长圆形, 长约2毫米; 花瓣匙形, 与萼片等长。长角果细圆柱形或线形, 长2厘米以上, 宽1～1.5毫米, 斜上开展, 有时稍内弯, 顶端喙长1～2毫米。种子2行, 多数, 细小, 卵圆形, 褐色。花期4—5月, 果实于花后渐次成熟, 有时在8—9月仍有开花结果的。

分布与为害: 分布于我国大部分地区, 生于路旁或田野, 为广东粤北烟区常见杂草。

防除方法: 可用异丙隆、二甲四氯、草甘膦定向喷雾防除。

九、酢浆草科

 红花酢浆草　　　　为害程度　轻度 中度 重度

Oxalis corymbosa

　　识别特征: 多年生直立草本。无地上茎,地下部分有球状鳞茎,外层鳞片膜质,褐色,背具3条肋状纵脉,被长缘毛,内层鳞片呈三角形,无毛。叶基生;叶柄长5~30厘米或更长,被毛;小叶3片,扁圆状倒心形,长1~4厘米,宽1.5~6厘米,顶端凹入,两侧角圆形,基部宽楔形,表面绿色,被毛或近无毛;背面浅绿色,通常两面或有时仅边缘有干后呈棕黑色的小腺体,背面尤甚并被疏毛;托叶长圆形,顶部狭尖,与叶柄基部合生。总花梗基生,二歧聚伞花序,

通常排列成伞形花序式，总花梗长10~40厘米或更长，被毛；花梗、苞片、萼片均被毛；花梗长5~25毫米，每花梗有披针形干膜质苞片2枚；萼片5枚，披针形，长4~7毫米，先端有暗红色长圆形的小腺体2枚，顶部腹面被疏柔毛；花瓣5枚，倒心形，长1.5~2厘米，为萼长的2~4倍，淡紫色至紫红色，基部颜色较深；雄蕊10枚，长的5枚超出花柱，另5枚长至子房中部，花丝被长柔毛；子房5室，花柱5枚，被锈色长柔毛，柱头浅2裂。花果期3—12月。

分布与为害：分布于河北、陕西、四川、云南等地，以及我国华东、华中、华南等地，生于低海拔的山地、路旁、荒地或水田中，为广东烟区常见杂草。

防除方法：可用绿麦隆、西玛津定向喷雾防除。

黄花酢浆草

Oxalis corniculata

为害程度　**轻度** 中度 重度

识别特征： 多年生草本，全体有疏柔毛；茎匍匐或斜升，多分枝。叶互生，掌状复叶有 3 片小叶，倒心形，小叶无柄。花色多种，以红、黄两色为常见，喜向阳、温暖、湿润的环境，夏季炎热地区宜遮半阴，抗旱能力较强，不耐寒，一般园土均可生长，但以腐殖质丰富的沙质壤土生长旺盛，夏季有短期的休眠。

分布与为害： 我国各地均有分布，生于山坡草池、河谷沿岸、路边、田边、荒地或林下阴湿处等，为广东烟区常见杂草。

防除方法： 可用绿麦隆、西玛津定向喷雾防除。

十、藜科

 为害程度 轻度 中度 重度

Chenopodium album

识别特征：一年生草本，高 60 ~ 120 厘米。茎直立粗壮，有棱和绿色或紫红色的条纹，多分枝；枝上升或开展。单叶互生，有长叶柄；叶片菱状卵形或披针形，长 3 ~ 6 厘米，宽 2.5 ~ 5 厘米，先端急尖或微钝，基部宽楔形，边缘常有不整齐的锯齿，下面灰绿色，被粉粒。秋季开黄绿色小花，花两性，数个集成团伞花簇，多数花簇排成腋生或顶生的圆锥花序；花被 5 片，卵状椭圆形，边缘膜质；雄蕊 5 个；柱头两裂。胞果完全包于花被内或顶端稍露，果皮薄和种子紧贴。种子双凸镜形，光亮。

分布与为害：分布于我国华南、华北、东北、西南、东南等地，生于田间、地头、坡上、沟涧等，为广东烟区常见杂草。

防除方法：可用二甲四氯、乙草胺、苯达松、草甘膦定向喷雾防除。

尖头叶藜

为害程度 轻度 中度 重度

Chenopodium acuminatum

识别特征： 一年生草本，高20~80厘米。茎直立，多分枝或不分枝，无毛，有绿色条棱。叶互生，有柄，叶片卵形、宽卵形或三角状卵形，长2~4厘米，宽1.5~3厘米，先端圆或急尖，基部广楔形、圆形或近截形，全缘，边缘半透明，表面绿色，光滑无毛，背面多少有白粉，呈灰白色。花两性，小，无苞片，花数朵聚成团伞花序，于枝上部排成紧密或间断的穗状花序或圆锥花序，花轴上具透明的管状毛；花被片5枚，卵状长圆形，内弯，内部中央具绿色龙骨状隆脊，边缘白色狭膜质，果期背面增厚并彼此合成五角星状，雄蕊5枚，花丝极短，花药长0.5毫米。胞果上、下扁，成扁球形。种子横生，直径约1毫米，黑色，有光泽。花期6—8月，果期8—9月。

分布与为害： 分布于我国各地，生于路旁湿地、住宅附近、河岸沙地、杂草地、沙碱地等处，为广东烟区常见杂草。

防除方法： 可用二甲四氯、乙草胺、苯达松、草甘膦定向喷雾防除。

土荆芥

Chenopodium ambrosioides

为害程度　**轻度**　中度　重度

识别特征： 一年生或多年生草本，高50～80厘米，揉之有强烈臭气。茎直立，多分枝，具条纹，近无毛。叶互生，披针形或狭披针形，下部叶较大，长达15厘米，宽达5厘米，顶端渐尖，基部渐狭成短柄，边缘有不整齐的钝齿，上部叶渐小而近全缘，上面光滑无毛，下面有黄色腺点，沿脉上稍被柔毛。花夏季开放，绿色，两性或部分雌性，组成腋生、分枝或不分枝的穗状花序；花被裂片5枚，少有3枚，结果时常闭合；雄蕊5枚，突出，花药长约0.5毫米；子房球形，两端稍压扁，花柱不明显，柱头3或4裂，线形，伸出于花被外。胞果扁球形，完全包藏于花被内；种子肾形，直径约0.7毫米，黑色或暗红色，光亮。

分布与为害： 分布于我国长江以南各地，生于田间地头，为广东烟区常见杂草。

防除方法： 可用二甲四氯、草甘膦定向喷雾防除。

十一、唇形科

荔枝草

Saluia plebeia

为害程度　轻度　中度　**重度**

识别特征： 二年生草本，株高 15 ~ 90 厘米，茎方形，多分枝，被倒向疏柔毛。轮伞花序有 2 ~ 6 朵花，组成假总状花序或圆锥花序；花萼钟形，外被金黄色腺点及柔毛，分 2 唇，上唇顶端具 3 短尖头，下唇 2 齿；花冠唇形，淡紫色至蓝紫色，长 4 ~ 5 毫米，外面有毛，筒内基部有毛环，上唇长圆形；顶端有凹口，下唇 3 裂，中裂片宽倒心形；雄蕊 2 枚，药隔细长，药室分离甚远，上端的药室发育，下端的药室不发育。根出叶丛生，有柄，叶片长圆形或披针形，边缘有圆齿，叶面皱折，有腺点，两面有毛；茎生叶对生。小坚果倒卵圆形，褐色，平滑，有腺点。花期 5 月，果期 6—7 月。

分布与为害： 分布于江苏、浙江、安徽、广东等地，是南方烟区常见杂草。

防除方法： 可用二甲四氯、草甘膦定向喷雾防除。

益母草

Leonurus artemisia

识别特征： 一年生或二年
生草本。茎直立，高30～120厘
米，钝四棱形，叶轮廓变化很
大，茎下部叶轮廓为卵形，基
部宽楔形，掌状3裂，裂片呈
长圆状菱形至卵圆形，通常长
2.5～6厘米，宽1.5～4厘米，裂
片上再分裂，上面绿色，有糙
伏毛，叶脉稍下陷，下面淡绿
色，被疏柔毛及腺点，叶脉突

出，叶柄纤细，长2～3厘米，由于叶基下延而在上部略具翅，腹面具
槽，背面圆形，被糙伏毛；茎中部叶轮廓为菱形，较小，通常分裂成
3个或偶有多个长圆状线形的裂片，基部狭楔形，叶柄长0.5～2厘米；
花序最上部的苞叶近于无柄，线形或线状披针形，长3～12厘米，宽
2～8毫米，全缘或具稀少牙齿。轮伞花序腋生，具8～15朵花，轮廓
为圆球形，径2～2.5厘米，多数远离而组成长穗状花序；小苞片刺
状，向上伸出，基部略弯曲，比萼筒短，长约5毫米，有贴生的微柔
毛；花梗无。花萼管状钟形，长6～8毫米，外面有贴生微柔毛，内面
于离基部1/3以上被微柔毛，5脉，显著，5齿，前2齿靠合，长约3毫
米；后3齿较短，等长，长约2毫米，齿均宽三角形，先端刺尖。花
冠粉红色至淡紫红色，长1～1.2厘米，外面伸出萼筒部分被柔毛，冠
筒长约6毫米，等大；内面在离基部1/3处有近水平向的不明显鳞毛毛
环，毛环在背面间断。其上部多少有鳞状毛，冠檐二唇形，上唇直
伸，内凹，长圆形，长约7毫米，宽4毫米，全缘，内面无毛，边缘具

纤毛，下唇略短于上唇；内面在基部疏被鳞状毛，3裂，中裂片倒心形，先端微缺，边缘薄膜质，基部收缩，侧裂片卵圆形，细小。雄蕊4枚，均延伸至上唇片之下，平行，前对较长，花丝丝状，扁平，疏被鳞状毛，花药卵圆形，二室。花柱丝状，略超出于雄蕊而与上唇片等长，无毛，先端相等2浅裂，裂片钻形。花盘平顶。子房褐色，无毛。小坚果长圆状三棱形，长2.5毫米，顶端截平而略宽大，基部楔形，淡褐色，光滑。花期6—9月，果期9—10月。

分布与为害： 分布于我国大部分地区，生于山野荒地、田埂、草地等，为广东烟区常见杂草。

防除方法： 可用二甲四氯、草甘膦定向喷雾防除。

细风轮菜

为害程度 **轻度** 中度 重度

Clinopodium gracile

识别特征: 一年生草本。茎高 8 ~ 30 厘米，自匍匐茎发出，柔弱，被微柔毛。叶片卵形或茎最下部的叶圆卵形而较小，长 1.2 ~ 3.4 厘米，下面脉上疏被短硬毛；叶柄长 3 ~ 18 毫米。轮伞花序疏离或于茎顶密集，少花；苞片针状，远较花梗为短；花萼筒状，长约 3 毫米。果时下倾，基部膨大，长约 5 毫米，13 脉，脉上被短硬毛，其余部分被微柔毛或几无毛。上唇 3 齿短，三角形，果时向上反折；下唇 2 齿略长，顶端钻状平伸，齿均被睫毛。花冠白色或紫红色，上唇直伸，下唇 3 裂。

分布与为害: 分布于我国江南各地，生于路旁、草地等，为广东烟区常见杂草。

防除方法: 可用二甲四氯、草甘膦定向喷雾防除。

紫苏

为害程度 中度 重度

Perilla frutescens

识别特征：一年生直立草本。茎高0.3～2米，绿色或紫色，钝四棱形，具四槽，密被长柔毛。叶阔卵形或圆形，长7～13厘米，宽4.5～10厘米，先端短尖或突尖，基部圆形或阔楔形，边缘在基部以上有粗锯齿，膜质或草质，两面绿色或紫色，或仅下面紫色，上面被疏柔毛，下面被贴生柔毛，侧脉7～8对，位于下部者稍靠近，斜上升，与中脉在上面微突起，下面明显突起，色稍淡；叶柄长3～5厘米，背腹扁平，密被长柔毛。轮伞花序2花，组成长1.5～15厘米、密被长柔毛、偏向一侧的顶生及腋生总状花序；苞片宽卵圆形或近圆形，长宽约4毫米，先端具短尖，外被红褐色腺点，无毛，边缘膜质；花梗长

1.5毫米，密被柔毛。花萼钟形，10脉，长约3毫米，直伸，下部被长柔毛，夹有黄色腺点，内面喉部有疏柔毛环，结果时增大，长至1.1厘米，平伸或下垂，基部一边肿胀，萼檐二唇形，上唇宽大，3齿，中齿较小，下唇比上唇稍长，2齿，齿披针形。花冠白色至紫红色，长3～4毫米，外面略被微柔毛，内面在下唇片基部略被微柔毛，冠筒短，长2～2.5毫米，喉部斜钟形，冠檐近二唇形，上唇微缺，下唇3裂，中裂片较大，侧裂片与上唇相近似。雄蕊4枚，几不伸出，前对稍长，离生，插生喉部，花丝扁平，花药2室，室平行，其后略叉开或极叉开；雌蕊1枚，子房4裂，花柱基底着生，柱头2室；花盘在前边膨大；柱头2裂。果萼长约10毫米。花柱先端相等2浅裂。花盘前方呈指状膨大。小坚果近球形，灰褐色，直径约1.5毫米，具网纹。花期8—11月，果期8—12月。

分布与为害：我国各地均有分布，生于沟边地边，为广东烟区常见杂草。

防除方法：可用二甲四氯、草甘膦定向喷雾防除。

白苏

Perilla frutescens

为害程度 **轻度** 中度 重度

识别特征：一年生草本，高0.5～2米。茎直立，钝四棱形，具四槽，密被长柔毛。叶对生；叶柄长3～5厘米，扁平，密端短尖或突尖，基部圆形或阔楔形，边缘在基部以上有粗锯齿，两面绿色，或紫色，上面被疏柔毛。轮伞花序2花，组成长1.5～15厘米，密被长柔毛，偏向一侧的顶生及腋生总状花序；苞片宽卵圆形或近圆形，外被红褐色腺点，边缘膜质；花梗密被柔毛；花萼钟形，10脉，下部被长柔毛，夹有黄色腺点，内面喉部有疏柔毛环，结果实增大，萼檐二唇形，上唇宽大，3齿，中齿较小，下唇比上唇稍长，2齿，齿披针形；花冠通常白色，冠筒短，冠檐近二唇形，上唇微缺，下唇3裂，中裂片较大；雄蕊4枚，前对稍长，离生，插生喉部，花药2室；花柱先端2浅裂；花盘前方呈指状膨大。小坚果近球形，具网纹。花期8—11月，果期8—12月。

分布与为害：分布于我国大部分地区，野生种群生于向阳的，空地和田埂上。为广东烟区常见杂草，呈零星分布。

防除方法：可用二甲四氯、草甘膦定向喷雾防除。

半枝莲

为害程度　轻度 中度 重度

Scutellaria barbata

识别特征： 多年生草本，茎直立，高 12 ~ 35（~ 55）厘米，四棱形。叶具短柄或近无柄，柄长 1 ~ 3 毫米，腹凹背凸，疏被小毛；叶片三角状卵圆形或卵圆状披针形，有时卵圆形，长 1.3 ~ 3.2 厘米，宽 0.5 ~ 1（~ 1.4）厘米，先端急尖，基部宽楔形或近截形，边缘生有疏而钝的浅牙齿，花梗长 1 ~ 2 毫米，被微柔毛，中部有 1 对长约 0.5 毫米具纤毛的针状小苞片。花萼开花时长约 2 毫米，果时花萼长 4.5 毫米，盾片高 2 毫米。花冠紫蓝色，长 9 ~ 13 毫米，雄蕊 4 枚，花柱细长，先端锐尖，微裂。子房 4 裂，裂片等大。小坚果褐色，扁球形，径约 1 毫米，具小疣状突起。花果期 4—7 月。

分布与为害： 分布于我国各地，生于水田边、溪边或湿润草地上，为广东烟区常见杂草。

防除方法： 可用二甲四氯、草甘膦定向喷雾防除。

藿香

Agastache rugosa

为害程度　轻度 中度 重度

识别特征： 多年生草本植物，茎直立，高 0.5～1.5 米，四棱形，粗达 7～8 毫米，叶心状卵形至长圆状披针形，花冠淡紫蓝色，长约 8 毫米，成熟小坚果卵状长圆形，长约 1.8 毫米，宽约 1.1 毫米。花期 6—9 月，果期 9—11 月。

分布与为害： 分布于我国各地，生于湿润、多雨的环境，广东烟区有零星分布。

防除方法： 可用二甲四氯、草甘膦定向喷雾防除。

石荠苎

Mosla scabra

为害程度　**轻度** 中度 重度

识别特征：一年生草本，高 20 ~ 100 厘米。茎直立，四棱形，密被短柔毛。叶对生；叶柄长 3 ~ 16 毫米，被短柔毛；叶卵形或卵状披针形，长 1.5 ~ 3.5 厘米，宽 0.9 ~ 1.7 厘米，先端急尖或钝，基部圆形或宽楔形，边缘近基部全缘，自基部以上为锯齿状，纸质，上面橄绿色，被灰色微柔毛，下面灰白色，密布凹陷腺点，近无毛或被极疏短柔毛；叶柄长 3 ~ 16（~ 20）毫米，被短柔毛。总状花序生于主茎及侧枝上，长 2.5 ~ 15 厘米；苞片卵形，长 2.7 ~ 3.5 毫米，先端尾状渐尖，花时及果时均超过花梗；花梗花时长约 2 毫米，果时长至 3 毫米，与序轴密被灰白色小疏柔毛。花萼钟形，长约 2.5 毫米，宽约 2 毫米，外面被疏柔毛，二唇形，上唇 3 齿呈卵状披针形，先端渐尖，中齿略小，下唇 2 齿，线形，先端锐尖，果时花萼长至 4 毫米，宽至 3 毫米，脉纹显著。花冠粉红色，长 4 ~ 5 毫米，外面被微柔毛，内面基部具毛环，冠筒向上渐扩大，冠檐二唇形，上唇直立，扁平，先端微凹，下唇 3 裂，中裂片较大，边缘具齿。雄蕊 4 枚，后对能育，药室 2，叉开，前对退化，药室不明显。花柱先端相等 2 浅裂。花盘前方呈指状膨大。

分布与为害：分布于我国各地，生于海拔 50 ~ 1 150 米的山坡、路旁、灌丛或沟边潮湿地，为广东烟区常见杂草。

防除方法：可用二甲四氯、草甘膦定向喷雾防除。

錾菜

为害程度　轻度 中度 重度

Leonurus pseudo-macranthus

识别特征：多年生草本，高60～120厘米。茎四棱形，被粗毛，绿色，有时呈紫色。叶对生；基生叶有长柄，近革质，卵圆形，长6～7厘米，3裂达中部，边缘有粗锯齿，两面均生灰白色粗硬毛，并散布黄色腺点；茎生叶具短柄，叶片卵形，边缘3裂，裂片有大型尖齿状缺刻，基部楔形；茎中部以上之叶1裂，具齿或全缘；花序上的叶卵形至披针形，两面均有粗糙毛。轮伞花序腋生，多花，远离而向顶端组成长穗状；小苞片少数，刺状，直伸，长5～6毫米，基部相连接，具糙硬毛，绿色；花梗无。花萼管状，萼齿先端针刺状；花冠唇形，白色，常带紫色纹，长1.8厘米，管内有毛环；下唇3裂，中裂片圆心形；雄蕊4枚，花柱伸出花冠外，柱头2裂。小坚果长约2.5毫米，黑褐色，有3棱，先端截形，基部楔形，表面平滑。花期8—9月，果期9—10月。

分布与为害：分布于我国各地，生于田埂、路旁、山坡石缝及溪边，为广东烟区常杂草。

防除方法：可用二甲四氯、草甘膦定向喷雾防除。

十二、玄参科

匍茎通泉草

为害程度　**轻度**　中度　重度

Mazus miguelii

识别特征：多年生草本植物。子叶阔卵形，先端急尖，叶基近圆形，有长柄。下胚轴较短，上胚轴明显，淡红色，无毛。初生叶对生，卵圆形，先端急尖，叶基圆形，有长柄。后生叶阔椭圆形或卵形，先端钝尖，叶缘具疏锯齿。主根短缩，须根多数，纤维状丛生。茎有直立茎和匍匐茎，直立茎倾斜上升，高 10 ~ 15 厘米，匍匐茎花期发出，长 15 ~ 20 厘米。基生叶常多数成莲座状，倒卵状匙形，边缘具粗锯齿。茎生叶在直立茎上的多互生，在匍匐茎上的多对生，有短柄。总状花序顶生，花稀疏，下部的花梗长达 2 厘米，越上越短。花萼钟状漏斗形。花冠紫色或白色而有紫斑，上有棕色斑纹，并被短白毛，花冠易脱落。蒴果卵形至倒卵形或球形微扁，绿色，稍伸出萼管，开裂，种子细小而多数。果期 2—9 月。

分布与为害：分布于我国南方各地区，生于潮湿的路旁、田间、荒林及疏林中，为广东烟区常见杂草。

防除方法：用 40%"直播青"可湿性粉剂、10% 千金乳剂、10% 水星可湿性粉剂加 20% 二甲四氯水剂和 48% 苯达松水剂加 20% 二甲四氯水剂混用。注意采用定向喷雾方法。

通泉草

为害程度　轻度 中度 重度

Mazus japonicus

识别特征： 一年生草本植物，高3～30厘米，无毛或疏生短柔毛。总状花序生于茎、枝顶端，常在近基部即生花，伸长或上部成束状，通常3～20朵，花稀疏；花萼钟状；花冠白色、紫色或蓝色。蒴果球形；种子小而多数，黄色。花果期4—10月。

分布与为害： 分布于我国各地，生于湿润的草坡、沟边、路旁及林缘，为广东烟区常见杂草。

防除方法： 可用绿麦隆、异丙隆定向喷雾防除。

野甘草

为害程度 轻度 中度 重度

Scoparia dulcis

识别特征：亚灌木，高25～80厘米，全株无毛。根粗壮。茎直立，有分枝，下部木质化。叶小、对生及轮生，披针形至椭圆形或倒卵形，长5～20毫米，先端短尖，基部渐狭而成一短柄，边缘有锯齿。花小，多数，白色，单生或成对；萼片4，卵状矩圆形，长约2毫米；花冠辐状，4裂，裂片椭圆形，花径4～5毫米，喉部有毛；雄蕊4枚，花药箭头形，黄绿色；雌蕊1枚，花柱细长，柱头盘状。蒴果卵状至球形，直径2～3毫米，花柱宿存，熟后开裂。花期夏秋季。

分布与为害：分布于广东、广西、云南、福建等地，喜生于荒地、路旁，亦偶见于山坡，为广东烟区杂草。

防除方法：可用二甲四氯、草甘膦定向喷雾防除。

长蒴母草

Lindernia anagallis

为害程度 轻度 中度 重度

识别特征：一年生草本，长10~40厘米，根须状；茎始简单，不久即分枝，下部匍匐长蔓，节上生根，并有根状茎，有条纹，无毛。叶仅下部者有短柄；叶片三角状卵形、卵形或矩圆形，长4~20毫米，宽7~12毫米，顶端圆钝或急尖，基部截形或近心形，边缘有不明显的浅圆齿，侧脉3~4对，约以45°角伸展，上下两面均无毛。花单生于叶腋，花梗长6~10毫米，在果中达2厘米，无毛，萼长约5毫米，仅基部联合，齿5，狭披针形，无毛；花冠白色或淡紫色，长8~12毫米，上唇直立，卵形，2浅裂；下唇开展，3裂，裂片近相等，比上唇稍长；雄蕊4枚，全育，前面2枚的花丝在颈部有短棒状附属物；柱头2裂。蒴果条状披针形，比萼长约2倍，室间2裂；种子卵圆形，有疣状突起。花期4—9月，果期6—11月。

分布与为害：分布于我国各地，生于田埂、溪边、潮湿地，为广东烟区常见杂草。

防除方法：可用绿麦隆、异丙隆定向喷雾防除。

十三、茄科

 龙葵   为害程度   轻度 中度 **重度**

Solanum nigrum

识别特征： 一年生草本，高 30 ~ 60 厘米。茎直立，上部多分枝，稀被白色柔毛。叶互生，卵形，长 2.5 ~ 10 厘米，宽 1.5 ~ 5.5 厘米，全缘或具波状齿，先端尖锐，基部楔形或渐狭至柄，叶柄长达 2 厘米。花序短蝎尾状或近伞状，侧生或腋外生，有花 4 ~ 10 朵，花序梗长 1 ~ 2.5 厘米；花细小，柄长约 1 厘米，下垂；花萼杯状，绿色，5 浅裂；花冠白色，辐射状，5 裂，裂片卵状三角形，约 3 厘米；雄蕊 5 枚，花药顶端孔裂；子房上位，卵形，花柱中部以下有白色绒毛。浆果球形，直径约 8 毫米，熟时黑色。种子多数，近卵形，压扁状。花果期 9—10 月。

分布与为害： 我国各地均有分布，生于田边、路旁或荒地，为广东烟区常见杂草。

防除方法： 可用草甘膦定向喷雾防除。

刺天茄

Solanum indicum

为害程度 **轻度** 中度 重度

识别特征：多枝灌木，高 0.5 ~ 1.5 米，小枝、叶下面、叶柄、花序均密被 8 ~ 11 分枝，以及长短不相等的具柄的星状绒毛。小枝褐色，密被尘土色、逐渐脱落的星状绒毛及基部宽扁的淡黄色钩刺。钩刺长 4 ~ 7 毫米，基部宽 1.5 ~ 7 毫米，基部被星状绒毛，先端弯曲，褐色。种子淡黄色，近盘状，直径约 2 毫米。全年开花结果。

分布与为害：主要分布于我国华南、西南等地，生于林下、路边、田边荒地，为广东烟区常见杂草。

防除方法：可用草甘膦定向喷雾防除。

十四、毛茛科

茴茴蒜

Ranunculus chinensis

为害程度 **轻度** 中度 重度

识别特征：

多年生草本，高15～50厘米。茎直立，与叶柄均有伸展的淡黄色糙毛。叶为三出复叶，基生叶和下部叶具长柄；叶片宽卵形，长2.6～7.5厘米，中央小叶具长柄，3深裂，裂片狭长，上部生少数不规则锯齿，侧生小叶具短柄，不等地2或3裂；茎上部叶渐变小。花序具疏花；萼片5，淡绿色，船形，长约4毫米，外面疏被柔毛；花瓣5，黄色，宽倒卵形，长约3.2毫米，基部具蜜槽；雄蕊和心皮均多数。聚合果近长圆形；瘦果扁，长约3.2毫米，无毛。花期4—6月，果期7—9月。

分布与为害：分布于我国各地，生于平原与丘陵、溪边、田旁的水湿草地，为广东烟区常见杂草。

防除方法：可用二甲四氯、草甘膦定向喷雾防除。

毛茛

为害程度　轻度　中度　重度

Ranunculus japonicus

识别特征：多年生草本。须根多数簇生。茎直立，高30～70厘米，中空，有槽，具分枝，有开展或贴伏的柔毛。基生叶多数；叶片圆心形或五角形，长及宽为3～10厘米，基部心形或截形，通常3深裂不达基部，中裂片倒卵状楔形或宽卵圆形或菱形，3浅裂，边缘有粗齿或缺刻，侧裂片不等地2裂，两面贴生柔毛，下面或幼时的毛较密；叶柄长达15厘米，生开展柔毛。下部叶与基生叶相似，渐向上叶柄变短，叶片较小，3深裂，裂片披针形，有尖齿牙或再分裂；最上部叶线形，全缘，无柄。聚伞花序有多数花，疏散；花直径1.5～2.2厘米；花梗长达8厘米，贴生柔毛；萼片椭圆形，长4～6毫米，生白柔毛；花瓣5，倒卵状圆形，长6～11毫米，宽4～8毫米，基部有长约0.5毫米的爪，蜜槽鳞片长1～2毫米；花药长约1.5毫米；花托短小，无毛。聚合果近球形，直径6～8毫米；瘦果扁平，长2～2.5毫米，上部最宽处与长近相等，约为厚的5倍以上，边缘有宽约0.2毫米的棱，无毛，喙短直或外弯，长约0.5毫米。花果期4—9月。

分布与为害：分布于我国各地，生于田沟旁和林缘路边的湿草地上，为广东烟区常见杂草。

防除方法：可用草甘膦定向喷雾防除。

十五、鸭跖草科

🌿 鸭跖草　　　　　　　　　为害程度　<mark>轻度</mark> 中度 重度

Commelina communis

　　识别特征：一年生披散草本。茎匍匐生根，多分枝，长可达 1 米，下部无毛，上部被短毛。叶披针形至卵状披针形，长 3 ~ 9 厘米，宽 1.5 ~ 2 厘米。总苞片佛焰苞状，有 1.5 ~ 4 厘米的柄，与叶对生，折叠状，展开后为心形，顶端短急尖，基部心形，长 1.2 ~ 2.5 厘米，边缘常有硬毛；聚伞花序，下面一枝仅有花 1 朵，具长 8 毫米的梗，不孕；上面一枝具花 3 ~ 4 朵，具短梗，几乎不伸出佛焰苞。花梗花期长仅 3 毫米，果期弯曲，长不过 6 毫米；萼片膜质，长约 5 毫米，内面 2 枚常靠近或合生；花瓣深蓝色；内面 2 枚具爪，长近 1 厘米。蒴果椭圆形，长 5 ~ 7 毫米，2 室，2 片裂，有种子 4 粒。种子长 2 ~ 3 毫米，棕黄色，一端平截，腹面平，有不规则窝孔。

　　分布与为害：分布于我国各地，生于潮水地方，为广东烟区常见杂草。

　　防除方法：可用扑草净、二甲四氯、苯达松定向喷雾防除。

饭包草

为害程度 轻度 中度 重度

Commelina bengalensis

识别特征：多年生匍匐草本，茎上部直立，基部匍匐，被疏柔毛，匍匐茎的节上生根。叶具明显叶柄；叶片椭圆状卵形或卵形，长 3 ～ 6.5 厘米，宽 1.5 ～ 3.5 厘米，顶端钝或急尖，基部圆形或渐狭而成阔柄状，全缘，边缘具毛，两面被短柔毛、疏长毛或近无毛；叶鞘和叶柄被短柔毛或疏长毛。佛焰苞片漏斗状而压扁，被疏毛，长约 1.2 厘米，宽 1.7 厘米，与上部叶对生或 1 ～ 3 个聚生，无柄或柄极短；聚伞花序数朵，几不伸出苞片，花梗短；萼片膜质，披针形，长约 2 毫米，无毛；花瓣蓝色；雄蕊 6 枚，能育 3 枚，花丝丝状，无毛；子房长圆形，具棱，无毛，长约 1.5 毫米，花柱线形，长约 2 毫米。蒴果椭圆形，膜质，长 4 ～ 5 毫米，具 5 粒种子；种子长近 2 毫米，有窝孔及皱纹，黑色。花期夏秋季，果期 11—12 月。

分布与为害：我国各地均有分布，生于潮湿地方，为广东烟区常见杂草。

防除方法：可用扑草净、二甲四氯、苯达松定向喷雾防除。

十六、锦葵科

地桃花

Urena lobata

为害程度 **轻度** 中度 重度

识别特征：直立半灌木，有分枝，高达1米，全株被柔毛及星状毛。叶互生，下部叶心形或近圆形，上部叶椭圆形或近披针形，长3~8厘米，宽1~6厘米，基部近圆形、心形或楔形，先端短尖，边缘具细锯齿，有时3~5浅裂或具角，上面绿色，下面淡绿色，掌状网脉，中脉基部有一腺体；叶柄长2~6厘米；托叶2枚，线形，早落。花单生于叶腋或稍丛生；副萼5裂，裂片三角形；花萼5裂，裂片较副萼小，二者表面均被星状毛；花瓣5，粉红色，呈椭圆形，基部与雄蕊管相连合；雄蕊合生，花丝连成管状，管口具浅齿，花药紫红色；雌蕊1枚，花柱圆柱状，先端10裂，柱头头状，红色，被短毛，子房5室，外被短毛，每室胚珠1粒。蒴果扁球形，纵向直径约5毫米，横向直径约8毫米，自中轴分裂为5，每一分蒴呈球状五等分楔形，具细毛和勾刺，钩呈星状，分蒴中各有种子1粒。花期5—12月。

分布与为害：分布于我国南方各地，生于林边灌丛、荒地、田边，广东烟区有零星分布。

防除方法：可用二甲四氯、2,4-D、草甘膦定向喷雾防除。

黄花稔

为害程度 轻度 中度 重度

Sida acuta

识别特征：直立亚灌木状草本，高 1 ~ 2 米；分枝多，小枝被柔毛至近无毛。叶披针形，长 2 ~ 5 厘米，宽 4 ~ 10 毫米，先端短尖或渐尖，基部圆或钝，具锯齿，两面均无毛或疏被星状柔毛，上面偶被单毛；叶柄长 4 ~ 6 毫米，疏被柔毛；托叶线形，与叶柄近等长，常宿存。花单朵或成对生于叶腋，花梗长 4 ~ 12 毫米，被柔毛，中部具节；萼浅杯状，无毛，长约 6 毫米，下半部合生，裂片 5，尾状渐尖；花黄色，直径 8 ~ 10 毫米，花瓣倒卵形，先端圆，基部狭，长 6 ~ 7 毫米，被纤毛；雄蕊柱长约 4 毫米，疏被硬毛。蒴果近圆球形，分果爿 4 ~ 9，但通常为 5 ~ 6，长约 3.5 毫米，顶端具 2 短芒，果皮具网状皱纹。花期冬春季。

分布与为害：分布于福建、广东、广西、云南等地，生于山坡灌丛间、路旁或荒坡，为广东烟区常见杂草。

防除方法：可用二甲四氯钠、2,4-D、草甘膦定向喷雾防除。

赛葵

Malvastrum coromandelianum

为害程度　轻度 中度 重度

识别特征：多年生草本，茎直立，高达1米，疏被单毛和星状粗毛。叶卵状披针形或卵形，长2～6厘米，宽1～3厘米，先端钝圆，基部宽楔形至圆形，边缘具粗锯齿，上面疏被长毛，下面疏被长毛和星状毛，托叶披针形，叶柄长1～3厘米，密被长毛。花1～2朵，单生于叶腋，小苞片3，线形，长5毫米，花梗长约5毫米，花萼浅杯状，5裂，花黄色，直径约1.5厘米，花瓣5，倒卵形；雄蕊柱长约6毫米，无毛；心皮约10枚，每心皮有1枚直立胚珠，柱头头状。分果直径约6毫米，直径约2.5毫米，扁，分果爿8～12，肾形，疏被星状柔毛，背部具2芒刺。终年开花。靠种子繁殖，并可用地下芽行营养繁殖。

分布与为害：分布于我国南方各地，生于干热草坡、荒地、路旁，为广东烟区常见杂草。

防除方法：可用二甲四氯钠、2,4-D、草甘膦定向喷雾防除。

野西瓜苗

为害程度　**轻度** 中度 重度

Hibiscus trionum

识别特征： 一年生草本，全体被有疏密不等的细软毛。茎稍柔软，直立或稍卧立。基部叶近圆形，边缘具齿裂，中间裂齿较大，中间和下部的掌状叶，3～5深裂，中间裂较大，裂片倒卵状长圆形，先端钝，边缘具羽状缺刻或大锯齿。花单生于叶腋，花梗长2～5厘米；小苞片多数，线形，具缘毛；花萼5裂，膜质，上具绿色纵脉；花瓣5，淡黄色，紫心；雄蕊多数，花丝相结合成筒状，包裹花柱；子房5室，花柱顶端5裂，柱头头状。蒴果圆球形，有长毛。种子成熟后黑褐色，粗糙而无毛。花期7—9月。

分布与为害： 分布于我国各地，生于平原、山野、丘陵或田埂，是广东烟区常见杂草。

防除方法： 可用2,4–D、二甲四氯钠、苯达松、草甘膦等定向喷雾防除。

十七、柳叶菜科

草龙

为害程度　<mark>轻度</mark>　中度　重度

Ludwigia linifolia

识别特征：一年生草本，高20～60厘米，全株无毛。茎直立，具3～4棱，分枝纤细。单叶互生；有柄或无柄；叶片披针形，长1～3（～9）厘米，宽0.2～1.5（～3）厘米，先端渐尖，基部狭楔形，侧脉11～17对，全缘。药腋生；萼片4，披针形，3脉；花瓣4，黄色，长椭圆形，长约2.5毫米，短于萼片；雄蕊8枚；子房下位，花柱短，柱头扁球形。蒴果绿色或淡紫色，长1.2～2厘米，直径1～2毫米；种子多数。花期夏秋季。子叶三角状卵形，先端钝，基部楔形；具柄，叶柄与叶片近等长或稍短，微带红色。初生叶卵圆形，先端渐尖，稍

钝头，基部楔形至柄，叶缘及叶柄具短毛，叶脉清楚。上胚轴及下胚轴均较发达，紫红色。株高20～60厘米。茎直立，多分枝，绿色或淡紫色，有3～4纵棱。叶互生，狭条状披针形或长圆状披针形，先端短尖，基部楔形。花单生于叶腋，黄色，无花梗；萼管长约8毫米，裂片4裂，绿色，披针形，渐尖。花瓣4枚，狭长圆状椭圆形，短于萼片。蒴果长圆柱形，绿色或淡紫色。种子多数，卵形，淡黄色。

分布与为害： 分布于湖南、广东、海南、广西等地，以及我国西南地区，生于田边、水沟、河滩、塘边、湿草地等湿润向阳处，为广东烟区烟稻轮作田常见杂草。

防除方法： 可用苄嘧磺隆、丁草胺、草甘膦定向喷雾防除。

十八、茜草科

🌿 白花蛇舌草

为害程度 轻度 中度 重度

Hedyotis diffusa

识别特征：一年生披散草本，高15～50厘米。叶对生，无柄，膜质，线形，长1～3厘米，宽1～3毫米，顶端短尖，边缘干后常背卷，上面光滑，下面有时粗糙；中脉在上面下陷，侧脉不明显；托叶膜质，基部合生成鞘状，长1～2毫米，尖端芒尖。花单生或成对生于叶腋，常具短而略粗的花梗，稀无梗；萼筒球形，4裂，裂片长圆状披针形，长1.5～2毫米，边缘具睫毛；花4数，单生或双生于叶腋；花梗略粗壮，长2～5毫米，罕无梗或偶有长达10毫米的花梗；花冠白色，漏斗形，长3.5～4毫米，先端4深裂，裂片卵状长圆形，长约2毫米，秃净；雄蕊4枚，着生于冠筒喉部，与花冠裂片互生，花丝扁，花药卵形，背着，2室，纵裂；子房下位，2室。花柱长2～3毫米，柱头2裂，裂片广展，有乳头状突点。蒴果扁球形。

分布与为害：分布于福建、广东、香港、广西、海南、安徽、云南等地，生于山地岩石上，多见于水田、田埂和湿润的旷地，为广东烟区常见杂草。

防除方法：可用二甲四氯、草甘膦定向喷雾防除。

粗叶耳草

为害程度　**轻度**　中度　重度

Hedyotis hispida

识别特征：一年生披散草本，高25～30厘米。枝条平卧，上部四棱柱形，下部圆柱形，被短粗毛。叶对生；近无柄；托叶鞘状，顶部分裂成数根刺毛；叶片椭圆形或椭圆状披针形，长2.5～5厘米，宽6～20毫米，先端尖，基部楔形或钝，上面被角质的短硬毛，触之刺手，下面被短硬毛，纸质或薄革质。团伞花序顶生；无总花梗；苞片披针形，长3～4毫米，粗糙；花无梗；萼筒倒圆锥形，长约1毫米，萼裂片4，披针形，长1～1.5毫米；花冠白色，近漏斗形，长3.8～4毫米，4裂；雄蕊着生于花冠筒喉部；柱头头状，粗糙。蒴果卵形，长1.5～2.5毫米，直径1.5～2毫米，被粗毛，熟时顶部开裂。种子多数，有棱。花期3—11月。

分布与为害：分布于广东、海南、广西、贵州、云南等地，生于草丛、路旁及疏林下，为广东烟区常见杂草。

防除方法：可用草甘膦定向喷雾防除。

耳草

为害程度　轻度　中度　重度

Hedyotis auricularia

识别特征：多年生、近直立或平卧的粗壮草本，高30～100厘米；小枝被短硬毛，罕无毛，幼时近方柱形，老时呈圆柱形，通常节上生根。叶对生，近革质，披针形或椭圆形，长3～8厘米，宽1～2.5厘米，顶端短尖或渐尖，基部楔形或微下延，上面平滑或粗糙，下面常被粉末状短毛；侧脉每边4～6条，与中脉成锐角斜向上伸；叶柄长2～7毫米或更短；托叶膜质，被毛，合生成一短鞘，顶部5～7裂，裂片线形或刚毛状。聚伞花序腋生，密集成头状，无总花梗；苞片披针形，微小；花无梗或具长1毫米的花梗；萼管长约1毫米，通常被毛，萼檐裂片4，披针形，长1～1.2毫米，被毛；花冠白色，管长1～1.5毫米，外面无毛，里面仅喉部被毛，花冠裂片4，长1.5～2毫米，广展；雄蕊生于冠管喉部，花丝极短，花药突出，长圆形，比花丝稍短；花柱长1毫米，被毛，柱头2裂，裂片棒状，被毛。果球形，直径1.2～1.5毫米，疏被短硬毛或近无毛，成熟时不开裂，宿存萼檐裂片长0.5～1毫米；种子每室2～6粒，种皮干后黑色，有小窝孔。花期3—8月。

分布与为害：分布于我国华南、西南等地，生于林缘和灌丛中，有时亦见于草地上，颇常见，为广东烟区常见杂草。

防除方法：可用二甲四氯、草甘膦定向喷雾防除。

阔叶丰花草

Spermacoce latifolia

为害程度　**轻度** 中度 重度

识别特征: 多年生披散草本, 被毛; 茎和枝均为明显的四棱柱形, 棱上具狭翅。叶椭圆形或卵状长圆形, 长度变化大, 长 2 ~ 7.5 厘米, 宽 1 ~ 4 厘米, 顶端锐尖或钝, 基部阔楔形而下延, 边缘波浪形, 鲜时黄绿色, 叶面平滑; 侧脉每边 5 ~ 6 条, 略明显; 叶柄长 4 ~ 10 毫米, 扁平; 托叶膜质, 被粗毛, 顶部有数条长于鞘的刺毛。花数朵丛生于托叶鞘内, 无梗; 小苞片略长于花萼; 萼管圆筒形, 长约 1 毫米, 被粗毛, 萼檐 4 裂, 裂片长 2 毫米; 花冠漏斗形, 浅紫色, 罕有白色, 长 3 ~ 6 毫米, 里面被疏散柔毛, 基部具 1 毛

环, 顶部 4 裂, 裂片外面被毛或无毛; 花柱长 5 ~ 7 毫米, 柱头 2, 裂片线形。蒴果椭圆形, 长约 3 毫米, 直径约 2 毫米, 被毛, 成熟时从顶部纵裂至基部, 隔膜不脱落或 1 个分果爿的隔膜脱落; 种子近椭圆形, 两端钝, 长约 2 毫米, 直径约 1 毫米, 干后浅褐色或黑褐色, 无光泽, 有小颗粒。花果期 5—7 月。

分布与为害: 分布于我国华南地区, 生于荒地、沟渠边、山坡路旁或为田园杂草, 为广东烟区常见杂草。

防除方法: 可用草甘膦或四氟丙酸钠等除草剂防除。

猪殃殃

为害程度　<mark>轻度</mark> 中度 重度

Galium aparine var. *tenerum*

识别特征: 多枝、蔓生或攀缘状草本, 高 30 ~ 90 厘米; 茎有 4 棱角; 棱上、叶缘、叶脉上均有倒生的小刺毛。叶纸质或近膜质, 6 ~ 8 片轮生, 稀为 4 ~ 5 片, 带状倒披针形或长圆状倒披针形, 长 1 ~ 5.5 厘米, 宽 1 ~ 7 毫米, 顶端有针状突尖头, 基部渐狭, 两面常有紧贴的刺状毛, 常萎软状, 干时常卷缩, 1 脉, 近无柄。聚伞花序腋生或顶生, 少至多花, 花小, 4 数, 有纤细的花梗; 花萼被钩毛, 萼檐近截平; 花冠黄绿色或白色, 辐状, 裂片长圆形, 长不及 1 毫米, 镊合状排列; 子房被毛, 花柱 2 裂至中部, 柱头头状。果干燥, 有 1 或 2 个近球状的分果爿, 直径达 5.5 毫米, 肿胀, 密被钩毛, 果柄直, 长可达 2.5 厘米, 较粗, 每一爿有 1 粒平突的种子。花期 3—7 月, 果期 4—11 月。

分布与为害: 分布于我国各地, 生于山坡、旷野、沟边、河滩、田中、林缘、草地, 为广东烟区常见杂草。

防除方法: 可用苯达松、绿磺隆除草剂定向喷雾防除。

十九、旋花科

 打碗花　　　　　　　为害程度　轻度 中度 重度

Calystegia hederacea

识别特征：多年生草质藤本。主根（一说根状茎，但未见分节）较粗长，横走。茎细弱，长 0.5 ~ 2 米，匍匐或攀缘。叶互生，叶片三角状戟形或三角状卵形，侧裂片展开，常再 2 裂。花萼外有 2 片大苞片，卵圆形；花蕾幼时完全包藏于内。萼片 5，宿存。花冠漏斗形（喇叭状），粉红色或白色，口近圆形微呈五角形。与同科其他常见种相比花较小，喉部近白色。子房上位，柱头线形，2 裂。蒴果，在我国大部分地区不结果，以根扩展繁殖。

以根芽和种子繁殖。田间以无性繁殖为主，地下茎质脆易断，每个带节的断体都能长出新的植株。华北地区 4—5 月出苗，花期 7—9 月，果期 8—10 月。长江流域 3—4 月出苗，花果期 5—7 月。

分布与为害：分布于我国各地，生于湿润而肥沃的土壤，亦耐瘠薄、干旱，为广东烟区常见杂草。

防除方法：可用二甲四氯、草甘膦定向喷雾防除。

田旋花

为害程度 轻度 中度 重度

Convolvulus arvensis

识别特征: 多年生草质藤本,近无毛。根状茎横走。茎平卧或缠绕,有棱。叶柄长1~2厘米;叶片戟形或箭形,长2.5~6厘米,宽1~3.5厘米,全缘或3裂,先端近圆或微尖,有小突尖头;中裂片卵状椭圆形、狭三角形、披针状椭圆形或线形;侧裂片开展或呈耳形。花1~3朵腋生;花梗细弱;苞片线性,与萼远离;萼片倒卵状圆形,无毛或被疏毛;缘膜质;花冠漏斗形,粉红色、白色,长约2厘米,外面有柔毛,褶上无毛,有不明显的5浅裂;雄蕊的花丝基部肿大,有小鳞毛;子房2室,有毛,柱头2,狭长。蒴果球形或圆锥状,无毛;种子椭圆形,无毛。花期5—8月,果期7—9月。

分布与为害: 分布于我国东北、华北、西北等地,以及山东、江苏、河南、四川、广东、西藏等地,生于耕地及荒坡草地、村边路旁,为广东粤北烟区零星杂草。

防除方法: 可二甲四氯定向喷雾防除。

五爪金龙

Ipomoea cairica

为害程度　**轻度** 中度 重度

识别特征： 多年生缠绕草本，全体无毛，老时根上具块根。茎细长，有细棱，有时有小疣状突起。叶掌状5深裂或全裂，裂片卵状披针形、卵形或椭圆形，中裂片较大，长4～5厘米，宽2～2.5厘米，两侧裂片稍小，顶端渐尖或稍钝，具小短尖头，基部楔形渐狭，全缘或不规则微波状，基部1对裂片通常再2裂；叶柄长2～8厘米，基部具小的掌状5裂的假托叶（腋生短枝的叶片）。聚伞花序腋生，花序梗长2～8厘米，具1～3朵花，或偶有3朵以上；苞片及小苞片均小，鳞片状，早落；花梗长0.5～2厘米，有时具小疣状突起；萼片稍不等长，外方2片较短，卵形，长5～6毫米，外面有时有小疣状突起，内萼片稍宽，长7～9毫米，萼片边缘干膜质，顶端钝圆或具不明显的小短尖头；花冠紫红色、紫色或淡红色，偶有白色，漏斗状，长5～7厘米；雄蕊不等长，花丝基部稍扩大下延贴生于花冠管基部以上，被毛；子房无毛，花柱纤细，长于雄蕊，柱头2，球形。蒴果近球形，高约1厘米，2室，4瓣裂。种子黑色，长约5毫米，边缘被褐色柔毛。

分布与为害： 分布于广西、广东、云南等地，生于山地路旁、灌丛等地，广东部分烟区田埂和空地有分布。

防除方法： 可用二甲四氯、草甘膦定向喷雾防除。

圆叶牵牛

Pharbitis purpurea

为害程度　**轻度** 中度 重度

识别特征：多年生攀缘草本，茎长 2 ～ 3 米，被短柔毛和倒向的长硬毛。叶圆卵形或阔卵形，长 4 ～ 18 厘米，宽 3.5 ～ 16.5 厘米，被糙伏毛，基部心形，边缘全缘或 3 裂，先端急尖或急渐尖；叶柄长 2 ～ 12 厘米。花序 1 ～ 5 朵花；花序轴长 4 ～ 12 厘米；苞片线形，长 6 ～ 7 毫米，被伸展的长硬毛；花梗至少在开花后下弯，长 1.2 ～ 1.5 厘米。萼片近等大，长 1.1 ～ 1.6 厘米，基部被开展的长硬毛，靠外的 3 枚长圆形，先端渐尖；靠内的 2 枚线状披针形；花冠紫色、淡红色或白色，漏斗状，长 4 ～ 6 厘米，无毛；雄蕊内藏，不等大，花丝基部被短柔毛；雌蕊内藏，子房无毛，3 室，柱头 3 裂。每朵花最多可以结 6 粒种子（也有可能不结种）。蒴果近球形，直径 9 ～ 10 毫米，3 瓣裂。种子黑色或禾秆色，卵球状三棱形，无毛或种脐处疏被柔毛。花期 5—10 月，果期 8—11 月。

分布与为害：分布于我国的绝大多数地区，生于荒地、田间等，为广东烟区常见杂草。

防除方法：可用二甲四氯、草甘膦定向喷雾防除。

二十、豆科

 草木樨　　　　　　　　　　　为害程度　**轻度** 中度 重度

Melilotus suaveolens

识别特征： 一年生和二年生植物，有白花和黄花两品种。主根深达2米以下。茎直立，多分枝，高50～120厘米，最高可达2米以上；羽状三出复叶，小叶椭圆形或倒披针形，长1～1.5厘米，宽3～6毫米，先端钝，基部楔形，叶缘有疏齿，托叶条形；总状花序腋生或顶生，长而纤细，花小，长3～4毫米，花萼钟状，具5齿，花冠蝶形，黄色，旗瓣长于翼瓣。荚果卵形或近球形，长约3.5毫米，成熟时近黑色，具网纹，含种子1粒。

分布与为害： 分布于青海、西藏、江苏、安徽、江西、广东等地，生于温暖而湿润的沙地、山坡、草原、滩涂，以及农区的田埂、路旁和弃耕地上，为广东烟区偶见杂草。

防除方法： 可用二甲四氯、草甘膦定向喷雾防除。

含羞草

Mimosa pudica

为害程度　轻度　中度　重度

识别特征：多年生半灌木状草本。茎多分枝，下部伏地，高可达1米，有刺毛及钩刺。羽状复叶，羽片2～4个，掌状排列；小叶多数，长圆形，边缘及叶脉有刺毛，触之即闭合而下垂。头状花序长圆形，2～3个生于叶腋；花淡黄色；花瓣4枚，雄蕊4枚，伸出于花瓣之外。荚果边缘有刺毛，有3～4荚节，每荚节含1粒种子，成熟后节间脱落，荚缘宿存。幼苗子叶2片，长圆形；初生叶1片，羽状复叶；次生叶为2回羽状复叶。种子繁殖。花期3—10月，果期5—11月。

分布与为害：分布于全国各地，生于山坡丛林中及路旁的潮湿地，为广东烟区常见杂草。

防除方法：可用二甲四氯、2,4-D、草甘膦定向喷雾防除。

决明子

为害程度　<mark>轻度</mark> 中度 重度

Senna obtusifolia

识别特征： 一年生半灌木状草本。叶常绿或落叶，通常互生，稀对生，常为1或2羽状复叶，少数为掌状复叶或3小叶、单小叶，或单叶，可变为叶状柄，叶具叶柄或无；托叶有或无，有时叶状或变为棘刺。花两性，稀单性，辐射对称或两侧对称，通常排成总状花序、聚伞花序、穗状花序、头状花序或圆锥花序；花被2轮；萼片（3～）5（6），分离或连合成管，有时二唇形，稀退化或消失；花瓣（0～）5（6），常与萼片的数目相等，稀较少或无，分离或连合成具花冠裂片的管，大小有时可不等，或有时构成蝶形花冠，近轴的1片称旗瓣，侧生的2片称翼瓣，远轴的2片常合生，称龙骨瓣，遮盖住雄蕊和雌蕊；雄蕊通常10枚。

分布与为害： 分布于我国长江以南各地，生于山坡、路边和旷野等处，为广东烟区常见杂草。

防除方法： 可用二甲四氯、2,4-D、草甘膦定向喷雾防除。

田皂角

Aeschynomene indica

为害程度 <mark>轻度</mark> 中度 重度

识别特征：一年生草本或亚灌木状，茎直立，高 0.3 ~ 1 米。多分枝，圆柱形，无毛，具小突点而稍粗糙，小枝绿色。叶具 20 ~ 30 对小叶或更多；托叶膜质，卵形至披针形，长约 1 厘米，基部下延成耳状，通常有缺刻或啮蚀状；叶柄长约 3 毫米；小叶近无柄，薄纸质，线状长圆形，长 5 ~ 10（~ 15）毫米，宽 2 ~ 2.5（~ 3.5）毫米，上面密布腺点，下面稍带白粉，先端钝圆或微凹，具细刺尖头，基部歪斜，全缘；小托叶极小。总状花序比叶短，腋生，长 1.5 ~ 2 厘米；总花梗长 8 ~ 12 毫米；花梗长约 1 厘米；小苞片卵状披针形，宿存；花萼膜质，具纵脉纹，长约 4 毫米，无毛；花冠淡黄色，具紫色的纵

脉纹，易脱落，旗瓣大，近圆形，基部具极短的瓣柄，翼瓣篦状，龙骨瓣比旗瓣稍短，比翼瓣稍长或近相等；雄蕊二体；子房扁平，线形。荚果线状长圆形，直或弯曲，长 3 ~ 4 厘米，宽约 3 毫米，腹缝直，背缝多少呈波状；荚节 4 ~ 8（~ 10），平滑或中央有小疣突，不开裂，成熟时逐节脱落；种子黑棕色，肾形，长 3 ~ 3.5 毫米，宽 2.5 ~ 3 毫米。花期 7—8 月，果期 8—10 月。

分布与为害：分布于我国各地，生于稻田边、沟边、山坡潮湿草丛中，为广东烟区常见杂草。

防除方法：可用二甲四氯、2,4-D、草甘膦定向喷雾防除。

小苜蓿

Medicago minima

为害程度　**轻度** 中度 重度

识别特征：一年生或越年生草本，茎多分枝，疏被白色柔毛。小叶倒卵形至倒心形，上部小叶多狭倒卵形至长圆形，长 5 ~ 10 毫米，宽 4 ~ 8 毫米，先端圆或截形而微凹，具小突齿，基部楔形，两面被密毛或上面近无毛；小叶柄很短，被柔毛；托叶斜卵形，长约 5 毫米，先端尖。花 1 ~ 8 朵集生成头形总状花序，总花梗长 1 ~ 2 厘米；萼长约 3 毫米，密被柔毛，萼齿披针形，与萼筒等长；旗瓣长约 4 毫米，较翼瓣和龙骨瓣长。荚果四至五回旋卷成球状，具 3 列钩状刺，有种子数粒。种子肾形，淡黄色，长 2 ~ 2.5 毫米，平滑。花期 3—4 月，果期 5—6 月。

分布与为害：分布于我国黄河流域及长江以北，海拔300 ~ 1 200米各省区，生于荒坡、沙地、河岸，为粤北烟田常见杂草。

防除方法：可用二甲四氯、2,4–D、草甘膦定向喷雾防除。

长萼鸡眼草

为害程度　轻度 中度 重度

Kummerowia stipulacea

识别特征: 一年生草本,高7~15厘米。茎平伏,上升或直立,多分枝,茎和枝上被疏生向上的白毛,有时仅节处有毛。叶为三出羽状复叶;托叶卵形,长3~8毫米,比叶柄长或有时近相等,边缘通常无毛;叶柄短;小叶纸质,倒卵形、宽倒卵形或倒卵状楔形,长5~18毫米,宽3~12毫米,先端微凹或近截形,基部楔形,全缘;下面中脉及边缘有毛,侧脉多而密。花常1~2朵腋生;小苞片4枚,较萼筒稍短、稍长或近等长,生于萼下,其中1枚很小,生于花梗关节之下,常具1~3条脉;花梗有毛;花萼膜质,阔钟形,5裂,裂片宽卵形,有缘毛;花冠上部暗紫色,长5.5~7毫米,旗瓣椭圆形,先端微凹,下部渐狭成瓣柄,较龙骨瓣短,翼瓣狭披针形,与旗瓣近等长,龙骨瓣钝,上面有暗紫色斑点;雄蕊二体(9+1)。荚果椭圆形或卵形,稍侧偏,长约3毫米,常较萼长1.5~3倍。花期7—8月,果期8—10月。

分布与为害: 分布于我国大部分地区,生于路旁、草地、田间等,为广东烟区常见杂草。

防除方法: 可用二甲四氯、2,4-D、草甘膦定向喷雾防除。

长叶铁扫帚

Lespedeza caraganae

为害程度　**轻度**　中度　重度

识别特征：茎直立，多棱，沿棱被短伏毛；分枝斜生。托叶钻形，长2.5毫米；叶柄短，被短伏毛，长3～5毫米；羽状复叶具3小叶；小叶长圆状线形，长2～4厘米，宽2～4毫米，先端钝或微凹，具小刺尖，基部狭楔形，边缘稍内卷，上面近无毛，下面被伏毛。总状花序腋生；总花梗长0.5～1厘米，密生白色伏毛，具3～4（～5）朵花；花梗长2毫米，密生白色伏毛，基部具3～4枚苞片；小苞片狭卵形，长约2.5毫米，先端锐尖，密被伏毛；花萼狭钟形，长5毫米，外密被伏毛，5深裂，裂片披针形，先端长渐尖，具1～3脉；花冠显著超出花萼，白色或黄色，旗瓣宽椭圆形，长约8毫米，宽约5毫米，白色或黄色，翼瓣长圆形，长约7毫米，宽约1毫米，龙骨瓣长约8.5毫米，瓣柄长，先端钝头。有瓣花的荚果长圆状卵形，长4.5～5毫米，宽约2毫米，疏被白色伏毛，先端具喙，长约1.5毫米。疏被白色伏毛；闭锁花的荚果倒卵状圆形，长约3毫米，宽约2.5毫米，先端具短喙。花期6—9月，果期10月。

分布与为害：分布于我国大部分地区，生于山地或路旁、田边，为广东烟区常见杂草。

防除方法：可用二甲四氯、2,4–D、草甘膦定向喷雾防除。

猪屎豆

为害程度 轻度 中度 重度

Crotalaria pallida

识别特征：多年生草本，或呈灌木状；茎枝圆柱形，具小沟纹，密被紧贴的短柔毛。托叶极细小，刚毛状，通常早落；叶三出，柄长2～4厘米；小叶长圆形或椭圆形，长3～6厘米，宽1.5～3厘米，先端钝圆或微凹，基部阔楔形，上面无毛，下面略被丝光质短柔毛，两面叶脉清晰；小叶柄长1～2毫米。总状花序顶生，长达25厘米，有花10～40朵；苞片线形，长约4毫米；早落，小苞片的形状与苞片相似，长约2毫米，花时极细小，长不及1毫米，生萼筒中部或基部；花梗长3～5毫米；花萼近钟形，长4～6毫米，5裂，萼齿三角形，约与萼筒等长，密被短柔毛；花冠黄色，伸出萼外，旗瓣圆形或椭圆形，直径约10毫米，基部具胼胝体2枚，翼瓣长圆形，长约8毫米，下部边缘具柔毛，龙骨瓣最长，约12毫米，弯曲，几达90°，具长喙，基部边缘具柔毛；子房无柄。荚果长圆形，长3～4厘米，径5～8毫米，幼时被毛，成熟后脱落，果瓣开裂后扭转；种子20～30粒。花果期9—12月。

分布与为害：分布于我国南方地区，生于荒山、草地及沙质土壤之中，为广东烟区常见杂草。

防除方法：可用二甲四氯、2,4-D、草甘膦定向喷雾防除。

二十一、蔷薇科

蛇梅　　　　　　　　　　　　　　为害程度　**轻度**　中度　重度

Duchesnea indica

　　识别特征： 多年生草本；根茎短，粗壮；匍匐茎多数，长30～100厘米，有柔毛。小叶片倒卵形至菱状长圆形，长2～3.5（～5）厘米，宽1～3厘米，先端圆钝，边缘有钝锯齿，两面皆有柔毛，或上面无毛，具小叶柄；叶柄长1～5厘米，有柔毛；托叶窄卵形至宽披针形，长5～8毫米。花单生于叶腋；直径1.5～2.5厘米；花梗长3～6厘米，有柔毛；萼片卵形，长4～6毫米，先端锐尖，外面有散生柔毛；副萼片倒卵形，长5～8毫米，比萼片长，先端常具3～5锯齿；花瓣倒卵形，长5～10毫米，黄色，先端圆钝；雄蕊20～30枚；心皮多数，离生；花托在果期膨大，海绵质，鲜红色，有光泽，直径10～20毫米，外面有长柔毛。瘦果卵形，长约1.5毫米，光滑或具不显明突起，鲜时有光泽。花期6—8月，果期8—10月。

　　分布与为害： 分布于我国各地，生于山坡、河岸、草地及潮湿的地方，广东烟区烟田田埂上有零星分布。

　　防除方法： 可用草甘膦定向喷雾防除。

二十二、石竹科

牛繁缕

为害程度　轻度 **中度** 重度

Malachium aquaticum

识别特征：全株光滑，仅花序上有白色短软毛。茎多分枝，柔弱，常伏生地面。叶卵形或宽卵形，长2～5.5厘米，宽1～3厘米，顶端渐尖，基部心形，全缘或波状，上部叶无柄，基部略包茎，下部叶有柄。花梗细长，花后下垂；萼片5，宿存，果期增大，外面有短柔毛；花瓣5，白色，2深裂几达基部。蒴果卵形，5瓣裂，每瓣端再2裂。花期4—5月，果期5—6月。

分布与为害：分布于我国各地，生于荒地、路旁及较阴湿的草地，为广东烟区常见杂草。

防除方法：可用异丙隆、绿麦隆、扑草净、利谷隆定向喷雾防除。

繁缕

为害程度　轻度　**中度**　重度

Stellaria media

识别特征: 一年生或二年生草本, 高 10 ~ 30 厘米。茎俯仰或上升, 基部多少分枝, 常带淡紫红色, 被 1 (~ 2) 列毛。叶片宽卵形或卵形, 长 1.5 ~ 2.5 厘米, 宽 1.1 ~ 1.5 厘米, 顶端渐尖或急尖, 基部渐狭或近心形, 全缘; 基生叶具长柄, 上部叶常无柄或具短柄。疏聚伞花序顶生; 花梗细弱, 具 1 列短毛, 花后伸长, 下垂, 长 7 ~ 14 毫米; 萼片 5, 卵状披针形, 长约 4 毫米, 顶端稍钝或近圆形, 边缘宽膜质, 外面被短腺毛; 花瓣白色, 长椭圆形, 比萼片短, 深 2 裂达基部, 裂片近线形; 雄蕊 3 ~ 5 枚, 短于花瓣; 花柱 3, 线形。蒴果卵形, 稍长于宿存萼, 顶端 6 裂, 具多数种子; 种子卵圆形至近圆形, 稍扁, 红褐色, 直径 1 ~ 1.2 毫米, 表面具半球形瘤状突起, 脊较显著。花期 6—7 月, 果期 7—8 月。

分布与为害: 分布于我国各地, 生于山坡、林下、田边、路旁, 为广东烟区常见杂草。

防除方法: 可用异丙隆、绿麦隆、扑草净、利谷隆定向喷雾防除。

二十三、小二仙草科

 **狐尾藻**　　　　　　　　　　为害程度　<mark>轻度</mark> 中度 重度

Myriophyllum verticillatum

识别特征： 多年生粗壮沉水草本。根状茎发达，在水底泥中蔓延，节部生根。茎圆柱形，长20～40厘米，多分枝。叶通常4片轮生，或3～5片轮生，水中叶较长，长4～5厘米，丝状全裂，无叶柄；裂片8～13对，互生，长0.7～1.5厘米；水上叶互生，披针形，较强壮，鲜绿色，长约1.5厘米，裂片较宽。秋季于叶腋中生出棍棒状冬芽而越冬。苞片羽状篦齿状分裂。花单性，雌雄同株或杂性，单生于水上叶腋内，每轮有4朵花，花无柄，比叶片短。雌花生于水上茎下部叶腋中：萼片与子房合生，顶端4裂，裂片较小，长不到1毫米，卵状三角形；花瓣4，舟状，早落；雌蕊1枚，子房广卵形，4室，柱头4裂、裂片三角形；花瓣4，椭圆形，长2～3毫米，早落。雄花：雄蕊8枚，花药椭圆形，长2毫米，淡黄色，花丝丝状，开花后伸出花冠外。果实广卵形，长3毫米，具4条浅槽，顶端具残存的萼片及花柱。

分布与为害： 分布于我国各地，生于池塘、河沟、沼泽中，为广东烟区水生杂草。

防除方法： 可用氯氟吡啶酯定向喷雾防除。

二十四、天南星科

海芋

为害程度 轻度 中度 重度

Alocasia macrorhiza

识别特征：多年生草本植物。茎粗壮，高可达 3 米，叶聚生茎顶，叶片卵状戟形，长 15 ～ 90 厘米；花梗长 10 ～ 30 厘米，佛焰苞全长 10 ～ 20 厘米，下部筒状，上部稍弯曲呈舟形，肉穗花序稍短于佛焰苞，雌花在下部，雄花在上部。

分布与为害：分布于我国华南、西南等地区，生于温暖、潮湿和半阴环境，广东南部烟区有零星分布。

防除方法：人工锄草，也可用草甘膦定向喷雾防除。

二十五、藤麻科

地耳草

为害程度 轻度 中度 重度

Hypericum japonicum

识别特征：一年生草本，高 15 ~ 40 厘米，无毛。根多须状。茎直立，或倾斜，细瘦，有4棱，节明显，基部近节处生细根。单叶，短小，对生，多少抱茎，叶片卵形，长 4 ~ 15 毫米，全缘；先端钝，叶面有微细的透明点。聚伞花序顶生，成叉状而疏，花小，黄色；萼片5，披针形；花瓣5，长椭圆形，内曲，几与萼片等长；雄蕊 10 枚以上，基部连合成 3 束；子房 1 室，花柱 3 枚。蒴果长圆形，长约 4 毫米，外面包围有等长的宿萼。花期 5—6 月。

分布与为害：分布于江苏、浙江、福建、湖南、江西、四川、云南、贵州、广东、广西等地，生于山野及较潮湿的地方，为广东烟区常见杂草。

防除方法：可用二甲四氯、草甘膦定向喷雾防除。

二十六、桑科

 葎草　　　　　　　　为害程度　**轻度** 中度 重度

Humulusscandens

识别特征：多年生茎蔓草本植物。株长 1 ~ 5 米，雌雄异株，通常群生，茎和叶柄上有细倒钩，叶片呈掌状，茎喜缠绕其他植物生长。此植物耐寒，抗旱，喜肥、喜光。3—4 月间出苗，雄株 7 月中下旬开花，花序圆锥状，花被 5 枚，绿色。雌株 8 月上中旬开花，花序为穗状。9 月中下旬成熟。

分布与为害：我国除新疆、青海外，其他各地均有分布，广东烟区广泛分布，常生于沟边、荒地。

防除方法：可用草甘膦定向喷雾防除。

二十七、马齿苋科

马齿苋

为害程度　**轻度** 中度 重度

Portulaca oleracea

识别特征：一年生草本，全株无毛。茎平卧或斜倚，伏地铺散，多分枝，圆柱形，长10～15的厘米淡绿色或带暗红色。茎紫红色，叶互生，有时近对生；叶片扁平，肥厚，倒卵形，似马齿状，长1～3厘米，宽0.6～1.5厘米，顶端圆钝或平截，有时微凹，基部楔形，全缘，上面暗绿色，下面淡绿色或带暗红色，中脉微隆起；叶柄粗短。花无梗，直径4～5毫米，常3～5朵簇生枝端，午时盛开；苞片2～6，

叶状，膜质，近轮生；萼片2，对生，绿色，盔形，左右压扁，长约4毫米，顶端急尖，背部具龙骨状突起，基部合生；花瓣5，稀4，黄色，倒卵形，长3～5毫米，顶端微凹，基部合生；雄蕊通常8枚，或更多，长约12毫米，花药黄色；子房无毛，花柱比雄蕊稍长，柱头4～6裂，线形。蒴果卵球形，长约5毫米，盖裂；种子细小，多数偏斜球形，黑褐色，有光泽，直径不及1毫米，具小疣状突起。花期5—8月，果期6—9月。

分布与为害：分布于我国南北各地，生于菜园、农田、路旁，为广东烟区常见杂草。

防除方法：可用草甘膦定向喷雾防除。

二十八、木贼科

 节节草   为害程度   **轻度** 中度 重度

Equisetum ramosissimum

　　识别特征：中小型植物。根茎直立，横走或斜升，黑棕色，节和根疏生黄棕色长毛或光滑无毛。地上枝多年生。以根茎或孢子繁殖。根茎早期3月发芽，4月产孢子囊穗，成熟后散落、萌发成为秋天杂草。

　　分布与为害：分布于我国各地，生于湿地、溪边、湿沙地、路旁、果园、茶园，为广东烟区常见杂草。

　　防除方法：可用草甘膦定向喷雾防除。

二十九、马鞭草科

黄荆

为害程度 **轻度** 中度 重度

Vitex negundo

识别特征：灌木或小乔木；小枝四棱形，密生灰白色绒毛。掌状复叶，小叶5枚，少有3枚；小叶片长圆状披针形至披针形，顶端渐尖，基部楔形，全缘或每边有少数粗锯齿，表面绿色，背面密生灰白色绒毛；中间小叶长4～13厘米，宽1～4厘米，两侧小叶依次递小，若具5枚小叶时，中间3枚小叶有柄，最外侧的2枚小叶无柄或近于无柄。聚伞花序排成圆锥花序式，顶生，长10～27厘米，花序梗密生灰白色绒毛；花萼钟状，顶端有5裂齿，外有灰白色绒毛；花冠淡紫色，外有微柔毛，顶端5裂，二唇形；雄蕊伸出花冠管外；子房近无毛。核果近球形，径约2毫米；宿萼接近果实的长度。花期4—6月，果期7—10月。

分布与为害：分布于我国长江以南各地，生于山坡路旁或灌木丛中，广东烟区有少量分布。

防除方法：可用草甘膦、二甲四氯定向喷雾防除。

马鞭草

为害程度　**轻度** 中度 重度

Herba verbenae

识别特征: 多年生草本，高 30 ~ 120 厘米；茎四方形，上部方形，老后下部近圆形，棱和节上被短硬毛。单叶对生，卵形至长卵形，长 2 ~ 8 厘米，宽 1.5 ~ 5 厘米，3 ~ 5 深裂，裂片不规则的羽状分裂或不分裂而具粗齿，两面被硬毛，下面脉上的毛尤密。花夏秋季开放，蓝紫色，无柄，排成细长、顶生或腋生的穗状花序；花萼膜质，筒状，顶端 5 裂；花冠长约 4 毫米，微呈二唇形，5 裂；雄蕊 4 枚，着生于冠筒中部，花丝极短；子房无毛，花柱短，顶端浅 2 裂。果包藏于萼内，长约 2 毫米，成熟时裂开成 4 个小坚果。花期 6—11 月。

分布与为害: 分布于我国各地，生于生路旁、村边、田野、山坡，为广东烟区常见杂草。

防除方法: 可用草甘膦定向喷雾防除。

马缨丹

为害程度　轻度 中度 重度

Lantana camara

识别特征：多年生蔓性灌木，通常有短而下弯的细刺和柔毛。叶具臭味，卵形或心形，长 3 ~ 9 厘米，宽 1.5 ~ 5 厘米，对生，边缘有小锯齿。头状花序，稠密。花色变化大，苞片被针形，有短柔毛，花萼管状，顶端有极短的齿；花冠有黄、橙黄、红、粉红等色。花期5—9 月。果实圆球形，成熟时紫黑色。

分布与为害：野生种类分布于我国华南地区的荒郊野外，为广东烟区烟田埂和空旷地杂草。

防除方法：可用草甘膦定向喷雾防除。

芒萁

为害程度 轻度 中度 重度

Dicranopteris dichotoma

识别特征: 多年生草本,植株高45 ~ 90厘米。根状茎横走。叶远生,禾秆色,光滑,基部以上无毛;叶轴1 ~ 2(3)回二叉分枝,被暗锈色毛,渐变光滑,有时顶芽萌发,生出的1回羽轴,2回羽轴;

腋芽小,卵形,密被锈黄色毛;芽苞长5 ~ 7毫米,卵形,边缘具不规则裂片或粗牙齿,偶为全缘;各回分叉处两侧均各有一对托叶状的羽片,平展,宽披针形,等大或不等,生于1回分叉处的长9.5 ~ 16.5厘米,宽3.5 ~ 5.2厘米;生于2回分叉处的较小,长4.4 ~ 11.5厘米,宽1.6 ~ 3.6厘米;末回羽片长16 ~ 23.5厘米,宽4 ~ 5.5厘米,披针形或宽披针形,向顶端变狭,尾状,基部上侧变狭,篦齿状深裂几达羽轴;裂片平展,35 ~ 50对,线状披针形,长1.5 ~ 2.9厘米,宽3 ~ 4毫米,顶钝,常微凹,羽片基部上侧的数对极短,三角形或三角状长圆形,长4 ~ 10毫米,各裂片基部汇合,有尖狭的缺刻,全缘,具软骨质的狭边。侧脉两面隆起,明显,斜展,每组有3 ~ 4(5)条并行小脉,直达叶缘。叶为纸质,上面黄绿色或绿色,沿羽轴被锈色毛,后变无毛,下面灰白色,沿中脉及侧脉疏被锈色毛。孢子囊群圆形,一列,着生于基部上侧或上、下两侧小脉的弯弓处,由5 ~ 8个孢子囊组成。

分布与为害: 分布于我国长江以南各地,生于酸性红壤的山坡上,是酸性土壤指示植物,为广东烟区常见蕨类杂草,呈零量分布。

防除方法: 可用草甘膦定向喷雾防除。

肾蕨

Nephrolepis auriculata

为害程度　**轻度** 中度 重度

识别特征：附生或土生草本。根状茎直立，被蓬松的淡棕色、长钻形鳞片，下部有粗铁丝状的匍匐茎向四方横展，匍匐茎棕褐色，粗约1毫米，长达30厘米，不分枝，疏被鳞片，有纤细的褐棕色须根；匍匐茎上生有近圆形的块茎，直径1～1.5厘米，密被与根状茎上同样的鳞片。叶簇生，柄长6～11厘米，粗2～3毫米，暗褐色，略有光

泽，上面有纵沟，下面圆形，密被淡棕色、线形鳞片；叶片线状披针形或狭披针形，长30～70厘米，宽3～5厘米，先端短尖；叶轴两侧被纤维状鳞片，1回羽状，羽状多数，45～120对，互生，常密集而呈覆瓦状排列，披针形；中部的一般长约2厘米，宽6～7毫米，先端钝圆或有时为急尖头，基部心脏形，通常不对称，下侧为圆楔形或圆形，上侧为三角状耳形，几无柄，以关节着生于叶轴，叶缘有疏浅的钝锯齿，向基部的羽片渐短，常变为卵状三角形，长不及1厘米；叶脉明显，侧脉纤细，自主脉向上斜出，在下部分叉，小脉直达叶边附近，顶端具纺锤形水囊；叶坚草质或草质，干后棕绿色或褐棕色，光滑。孢子囊群成1行位于主脉两侧，肾形，少有为圆肾形或近圆形，长1.5毫米，宽不及1毫米，生于每组侧脉的上侧小脉顶端，位于从叶边至主脉的1/3处；囊群盖肾形，褐棕色，边缘色较淡，无毛。

分布与为害：分布于我国热带和亚热带地区，常地生和附生于溪边林下的石缝中和树干上，喜温暖潮润和半阴环境，为广东烟区常见杂草。

防除方法：可用百草枯和草甘膦定向喷雾防除。

铁线蕨

Adiantum capillus-veneris

为害程度　**轻度** 中度 重度

识别特征： 多年生草本，植株高0.1～0.6米。茎细长，颜色似铁丝，故名铁线蕨。根状茎细长，横走，密被棕色披针形鳞片。叶远生或近生；柄长5～20厘米，粗约1毫米，纤细，栗黑色，有光泽，基部被与根状茎上同样的鳞片，向上光滑；叶片卵

状三角形，长10～25厘米，宽8～16厘米，尖头，基部楔形，中部以下多为2回羽状，中部以上为1回奇数羽状；羽片3～5对，互生，斜向上，有柄（长可达1.5厘米），基部一对较大，长4.5～9厘米，宽2.5～4厘米，长圆状卵形，圆钝头，1回（少2回）奇数羽状，侧生末回小羽片2～4对，互生，斜向上，相距6～15毫米，大小几相等或基部一对略大，对称或不对称的斜扇形或近斜方形，长1.2～2厘米，宽1～1.5厘米。囊群盖长形、长肾形或圆肾形，上缘平直，淡黄绿色，老时棕色，膜质，全缘，宿存。孢子周壁具粗颗粒状纹饰。

分布与为害： 分布于我国各地，生于溪边山谷湿石上，喜温暖、湿润和半阴环境，不耐寒，忌阳光直射，喜疏松、肥沃和含石灰质的沙质壤土，为广东烟区常见杂草。

防除方法： 可用草甘膦定向喷雾防除。

三十、胡椒科

 **草胡椒**　　　　　　　　　为害程度　轻度 中度 重度

Peperomia pellucida

识别特征：一年生肉质草本，高20～40厘米。茎直立或基部有时平卧，粗1～2毫米，分枝，无毛，下部节上常生不定根。叶互生；叶柄长1～2厘米；叶片阔卵形或卵头三角形，长和宽近相等，为1～3.5厘米，先端短尖或钝，基部心形，两面均无毛，叶脉5～7条，基出，网状不明；膜质，半透明。穗状花序顶生于茎上端，与叶对生，淡绿色，细弱，长2～6厘米，径不及1毫米，其与共序轴均无毛；花疏生；苞片近圆形，直径约0.5毫米，中央有细短柄，盾状；花极小，两性，无花被，雄蕊2枚，有短花丝，花药近圆形；子房椭圆形，柱头顶生，被短柔毛。浆果球形，极小，先端尖，直径不超过0.5毫米。通常在每年的1月和8月开花。

分布与为害：分布于广东、广西、云南各地的南部，生于林下湿地、石缝中、田边空旷地，为广东烟区常见杂草。

防除方法：可用二甲四氯、草甘膦定向喷雾防除。

三十一、桔梗科

半边莲

Lobelia chinensis

为害程度 **轻度** 中度 重度

识别特征： 多年生草本，高约 20 厘米。茎圆形，全株光滑无毛，呈平卧，长 5 ~ 15 厘米。叶互生，无柄，狭窄、全缘或有疏齿，呈披针形或条长形。花瓣 5 片，类如莲花瓣，长 8 ~ 10 毫米，因花瓣均偏向一侧而得名。果实倒锥状。花期 5—8 月，果期 8—10 月。

分布与为害： 分布于我国华东、华南、西南、中南等地，生于水田边、沟旁、路边等湿处，为广东烟区常见杂草。

防除方法： 可用苯达松、草甘膦等定向喷雾防除。

三十二、椴树科

刺蒴麻

Triumfetta rhomboidea

为害程度　**轻度** 中度 重度

识别特征： 半灌木，高约1米。全株稍被毛，茎或分枝下部的叶菱状宽卵形或宽卵形，3裂。上部叶卵形，不裂，长3~8厘米，宽1.5~5.5厘米；基部圆，边缘有锯齿，上面疏生单毛或分叉的毛，下面稍密并有星状毛；叶柄长0.5~5厘米。聚伞花序数个腋生；花黄色；萼片矩圆形，长约5毫米，先端有角；花瓣比萼片稍短；雄蕊8~15枚；子房有刺毛。果实近球形，径约3毫米，有

短毛和刺，刺先端反卷。花期9—10月，果期10—11月。

分布与为害： 分布于我国南方地区，生于林边灌丛和田间空地中，为广东烟区常见杂草。

防除方法： 可用草甘膦定向喷雾防除。

三十三、车前草科

 车前草　　　　　　　　　　为害程度　轻度 中度 重度

Plantago asiatica

　　识别特征：多年生草本。根茎短而肥厚，不明显，簇生多数须根。叶基生，卵形或宽卵形，边缘有不整齐的波状疏钝齿或近全缘，两面无毛或有短柔毛。花葶数条，直立，高20～40厘米，有短柔毛；穗状花序细圆柱形；花小，多数，绿白色；苞片宽三角形，短于花萼裂片；花萼4深裂，裂片倒卵形；花冠膜质，4裂，裂片披针形；雄蕊4枚，外露。蒴果椭圆形，含种子5～8粒，长圆形。种子繁殖。

　　分布与为害：分布于我国各地，生于山野、路旁、花圃、菜园、河边湿地，为广东烟区常见杂草。

　　防除方法：苗前施用敌草隆、绿麦隆防除。

三十四、堇菜科

犁头草

为害程度 轻度 中度 重度

Viola japonica var. *stenopetala*

识别特征： 托叶白色，具长尖，有稀疏的线状齿；叶柄长2～8厘米，上端有狭翅。花梗长6～12厘米，中部有线状小苞片2枚。花两性，花萼5枚，披针形，长5～7毫米，附属物上常有钝齿；花瓣5枚，紫色，倒卵状椭圆形，长约1.5厘米，距长约7毫米；雄蕊5枚；子房上位，1室，柱头三角形凸状。蒴果长圆形，裂瓣有棱沟，长6～10毫米。花期4月，果期5—8月。

分布与为害： 分布于河北、江苏、湖南、江西、广东、辽宁等地，生长于山野、路旁向阳或半阴处，为广东烟区常见杂草。

防除方法： 可施用赛克津、苯达松、克阔乐等除草剂。

三十五、蕨类

凤尾草

为害程度　轻度　中度　重度

Pteris multifda

识别特征：无地上茎，叶从根茎丛生地上，高 30 ~ 50 厘米，叶分成 5 ~ 7 片小叶，宽 1 ~ 2 厘米，呈短、长带形，边缘有小锯齿，叶片两侧波状皱曲。能育叶较窄，边缘下侧着生孢子囊群，产生孢子。

分布与为害：分布于我国长江流域及以南各地，喜生长在荫蔽、湿润、温暖处，为广东烟区常见杂草，呈零星分布。

防除方法：可用百草枯和草甘膦定向喷雾防除。

贯众

为害程度　轻度　中度　重度

Rhizoma cyrtomii

识别特征： 陆生蕨，根状茎粗壮直立，叶丛生，革质，单数一回羽状复叶，小羽片呈镰刀状披针形，边缘有细锯齿，叶柄细长密被褐色细毛。

分布与为害： 分布于广东、广西、湖南、江西、福建、浙江等地。常生于林下沟溪边、较阴的山边洞穴口周围及林下，是酸性土指示植物之一，为广东烟区常见杂草，呈零星分布。

防除方法： 可用草甘膦定向喷雾防除。

鸡爪蕨

为害程度 <mark>轻度</mark> 中度 重度

Tectaria subtriphylla

识别特征: 多年生草本,植株高40~80厘米。根茎横生,粗壮,连同叶柄基部密被黑色、披针形至线形鳞片,全缘。叶近生;叶柄长20~50厘米,棕禾秆色,向上疏被棕色、节状短毛;叶片三角状五角形,长25~35厘米,宽20~25厘米,上面无毛,下面仅中脉及小羽轴疏被短毛,2回羽裂;羽片1~2对,对生,有柄,顶生羽片三角形,长15~30厘米,宽约15厘米,先端渐尖,基部下延而呈楔形,羽状深裂或浅裂,基部1对裂片最大,叉状,侧生羽片的基部1对羽片最大,卵状三角形,两侧有1对平展的裂片,下侧1片较大;第2对羽片披针形,边缘浅羽裂;叶脉网状,两面较明显,网眼不整齐,内藏小脉稍有分叉。孢子囊群小,圆形,背生于网脉交结处;囊群盖圆肾形,早落。

分布与为害: 分布于我国华南、西南等地,以及福建、台湾等地,生于林下溪沟边或湿石上,为广东烟区常见杂草,呈零星分布。

防除方法: 可用百叶枯和草甘膦定向喷雾防除。